普通高等教育"十二五"规划教材

AutoCAD 制图技术

周佳新　方亦元　主　编

刘　鹏　王志勇　赵　欣　副主编

孙　军　主　审

U0261470

化学工业出版社

·北京·

本书是编者依据教育部批准印发的《普通高等院校工程图学课程教学基本要求》和近年来国家质量监督检验检疫总局发布的最新标准，充分考虑了各专业的教学特点，并根据当前 CAD 制图教学改革的发展，结合自身多年从事工程实践及 CAD 教学的经验而编写的。

　　书中内容以 AutoCAD 2014 版为平台，详细讲述了 CAD 的基本绘图、基本编辑、尺寸标注等命令的使用方法和技巧；绘制各类工程图的基本原理、方法、制图步骤及制图技巧，并给出了较典型的练习题供读者参考、实践。

　　本书可作为土木工程、道桥工程、安全、力学、测绘、环境工程、暖通、给排水、建筑学、园林、规划、环境设计、工程管理、造价、土地、房地产、城市、物业、机械、交通、物流、电气、自动化、智能、通信、信息等专业本科、专科学生的教学用书，也可供相关工程技术人员参考。

　　教材有配套《AutoCAD 制图技术》多媒体课件。

图书在版编目（CIP）数据

　　AutoCAD 制图技术 / 周佳新，方亦元主编. — 北京：
化学工业出版社，2014.7（2025.1重印）
　　普通高等教育"十二五"规划教材
　　ISBN 978-7-122-20695-4

　　Ⅰ.①A… Ⅱ.①周… ②方… Ⅲ.①AutoCAD 软件-
高等学校-教材 Ⅳ.①TP391.72

　　中国版本图书馆 CIP 数据核字（2014）第 099744 号

责任编辑：满悦芝 石 磊	文字编辑：刘丽菲
责任校对：吴 静	装帧设计：孙远博

出版发行：化学工业出版社（北京市东城区青年湖南街 13 号　邮政编码 100011）
印　　装：北京科印技术咨询服务有限公司数码印刷分部
787mm×1092mm　1/16　印张 16　字数 450 千字　　2025 年 1 月北京第 1 版第 7 次印刷

购书咨询：010-64518888　　　　　　　售后服务：010-64518899
网　　址：http://www.cip.com.cn
凡购买本书，如有缺损质量问题，本社销售中心负责调换。

定　　价：33.00 元

前　言

随着计算机技术的发展，CAD 绘图已成为必然。时至今日，绝大多数高校都以工程图学课为依托开设了以讲授 AutoCAD 为主要内容的 CAD 课程，与之相配套的教材种类繁多。我们着眼于加强学生技能以及综合素质的培养，结合多年从事 CAD 教学及工程实践的经验，编写了这本教材。本教材的基础——CAD 讲义，经历了 AutoCAD 的多个版本，曾将土木工程、道桥工程、安全、力学、测绘、环境工程、暖通、给排水、建筑学、园林、规划、环境设计、工程管理、造价、土地、房地产、城市、物业、机械、交通、物流、电气、自动化、智能、通信、信息等几十个专业、成千上万名学子引上了 CAD 之路，使其在较短的时间内掌握或基本掌握 AutoCAD 理论及应用。

教材的编者是长期从事工程图学与 CAD 教学和开发的专业人士，在制图理论和解决实际问题方面有较为丰富的经验。本教材遵循学习规律，将制图理论与 CAD 技术相融合，通过实例循序渐进地介绍了 AutoCAD 的基本功能、绘图的思路、方法和技巧，强调实用性和可操作性，读者只要按照教材中的步骤一步一步操作，便可掌握所学内容。教材中的技巧，多为编者多年经验的总结，有些是首创。

本教材共分十三章，在内容的编排顺序上进行了优化，主要包括以下内容：

1. 基本绘图篇

本部分内容侧重于从未接触过 AutoCAD 的读者，从零学起，详细讲授了 CAD 的相关知识，包括基本绘图、基本编辑、尺寸标注等命令的使用方法和技巧。

2. 制图实例与上机实践篇

本部分主要讲解绘制工程图的基本原理和方法、相关专业图形的绘图步骤及大量绘图技巧，并给出了较典型的练习题供读者参考、实践，读者可根据自己的实际有所侧重、有所选择，举一反三，以解决实际问题。

教材有配套的多媒体课件（PPT），需要者可与出版社或周佳新教授（zhoujiaxin@sohu.com）联系。

本书由周佳新、方亦元主编，刘鹏、王志勇、赵欣副主编，在本书的编写过程中沈阳建筑大学的周佳新、刘鹏、王志勇、王铮铮、沈丽萍、姜英硕、李鹏、张楠、马晓娟、牛彦；辽宁科技学院的方亦元、韦杰；沈阳城市建设学院的赵欣、王娜、李丽、李琪、陈璐、宋小艳；沈阳大学的潘苏蓉等均作了大量的工作。本书由沈阳建筑大学孙军教授主审。由于编写时间仓促，加上编者水平有限，疏漏之处在所难免，恳请广大同仁及读者不吝赐教，在此谨表谢意。

编　者

2014 年 5 月

目　录

第一章 AutoCAD 简介

CAD，是英文 Computer Aided Design 的缩写，中文意思为计算机辅助设计，是利用计算机系统的计算功能和图形处理能力进行工程设计和产品开发的一门应用技术。是工程技术人员以计算机为工具，对产品和工程进行设计、绘图、造型、分析和编写技术文档等设计活动的总称。

计算机制图是应用计算机软、硬件来处理图形信息，从而实现图形的生成、显示、输出的计算机应用技术。计算机制图是绘制工程图的重要手段，也是计算机辅助设计的重要组成部分。目前，CAD 几乎应用于所有与制图有关的行业，比如建筑、机械、电子、天文、服装、化工等。在不同的专业领域，CAD 所涉及的内容是千差万别的，但一般来讲，大多数 CAD 系统的交互方式、图形操作以及数据处理等又有很多共同之处。

一、概述

美国 Autodesk 公司研制开发的 AutoCAD 制图软件，是目前世界上应用最广的 CAD 软件，市场占有率位居世界第一。自 1982 年 11 月推出至今已经历了二十多个版本。近十多年来，AutoCAD 几乎每年都在更新版本，每次版本的更新除了在使用功能上有所加强外，使用界面也有所改变，但近几年的版本界面变化并不算太大。高版本的 AutoCAD 软件命令会多一些，且会修正软件的一些 BUG、增加一些图库，在三维设计功能上有所加强，但二维绘图命令的差异并不太大。AutoCAD 的性能与其他软件一样，高版本可以兼容低版本，即高版本 AutoCAD 可以打开低版本的文件，反之则不能。高版本 AutoCAD 的操作更为方便、运行速度更快，但对计算机的配置要求较高、占用的空间也较大。

在不同的行业中，Autodesk 公司开发了行业专用的版本和插件，一般没有特殊要求的各个行业的公司都是用的 AutoCAD Simplified 版本。所以 AutoCAD Simplified 基本上算是通用版本。

1．AutoCAD 系统组成

通常以具有图形功能的交互计算机系统为基础，主要设备有：计算机主机、图形显示终端、图形输入板、绘图仪、扫描仪、打印机、磁带机以及各类软件等。

2．AutoCAD 基本技术

（1）交互技术 交互式 CAD 系统，指用户在使用计算机系统进行设计时，人和机器可以及时地交换信息。采用交互式系统，人们可以边构思、边打样、边修改，随时可从图形终端屏幕上看到每一步操作的显示结果，非常直观。

（2）图形变换技术 图形变换的主要功能是把用户坐标系和图形输出设备的坐标系联系起来；对图形作平移、旋转、缩放、透视变换；通过矩阵运算来实现图形变换。

（3）曲面造型和实体造型技术 将描述曲面和几何模型的形状以及属性的信息并存于计算机内，由计算机生成具有真实感的可视的曲面造型和三维图形的技术，并对实体本身进行编辑。

3．AutoCAD 软件的特点

（1）具有完善的图形绘制功能。

（2）有强大的图形编辑功能。

（3）可以采用多种方式进行二次开发或用户定制。

（4）可以进行多种图形格式的转换，具有较强的数据交换能力。

（5）支持多种硬件设备。

（6）支持多种操作平台。

（7）具有通用性、易用性，适用于各类用户。

4．AutoCAD 软件格式

（1）dwg 格式：是 AutoCAD 默认生成的文件，即 AutoCAD 的标准格式。

（2）dxf 格式：是一种图形交互的文件格式，即 AutoCAD 的交换格式。

（3）dwt 格式：是 AutoCAD 的样板文件，也称模板文件。

（4）dws 格式：为了保护自己的文档，可以将 CAD 图形用 dws 的格式保存。dws 格式的文档，只能查看，不能修改。

二、国内常用 CAD 软件

国产 CAD 软件是指由我国自主研发的 CAD 软件产品，目前市场上的国产 CAD 软件有中望 CAD、天正 CAD、浩辰 CAD 等。

国内 CAD 概括来讲分成如下三类：

第一类，自成体系，特点鲜明的国产 CAD，这类 CAD 的代表包括 CAXA、开目 CAD 等；

第二类，在 AutoCAD 上的二次开发 CAD，这类 CAD 的代表包括天河 CAD，InteCAD 等；

第三类，和 AutoCAD 功能和操作方式大体一致的 CAD，这类 CAD 的代表包括中望 CAD、浩辰 CAD、尧创 CAD 等。

三、绘图工具与绘图命令对照

传统的制图方法中，使用的是绘图纸、丁字尺、三角板、圆规、建筑模板、铅笔、针管笔等绘图，计算机制图利用的是计算机软件中的各种命令调用相对应的功能进行制图。计算机本身就是一"绘图工具"的集合。表 1-1 是传统绘图工具与计算机辅助绘图命令作用的简要对照。

表 1-1　绘图工具与绘图命令对照

制 图 工 具	作　　用	绘 图 命 令
直尺、丁字尺	画直线	line、xline、pline 等
三角板	画垂直线、平行线、与水平成一定角度（30°、45°、60°、75°、15°等）的直线	ortho、offset、rotate
平行尺	画平行线	offset
圆规	画圆弧、圆	arc、circle、fillet
分规	等分线段	divide
方格纸	方便绘图	grid
建筑模板	绘制各种图例、画椭圆、写字	block、ellipse、text、dtext
曲线板	绘制不规则曲线、云线	spline、revcloud
铅笔、针管笔	绘制各种线型、线宽线段	linetype、lweight
橡皮	擦除图线、图形	erase
绘图纸	图样的载体	layer

第二章　AutoCAD 基础知识

第一节　安装与启动

一、AutoCAD 的安装

1. 版本选择

AutoCAD 2008 以前的版本更新都没有太大的界面改变，从 AutoCAD 2009 起，版本的操作界面发生了改变，界面风格（ribbon 风格）更趋向于 3Ds Max，菜单栏的布置又和 office 2007 很相似，也就是说几乎所有 AutoCAD 的版本界面都大同小异，对于初学者学习 AutoCAD 时没有必要太在意使用新版本。使用者可根据自己的实际安装选用，不是越高越好，适合才好。

2. AutoCAD 的安装

在安装 AutoCAD 之前，应关闭所有正在运行的应用程序，要确保关闭了所有防毒软件。将 AutoCAD 的安装盘插入 CD-ROM 驱动器，稍后即可出现 AutoCAD 的安装界面。如果关闭了光盘的自动运行功能，只需要找到光盘驱动器下的"Setup.exe"文件，双击运行它，也可以启动 AutoCAD 的安装程序，切换到"安装"选项卡，单击"安装"链接启动安装向导即可。随着软件的不断更新，安装 AutoCAD 已经变为一件很容易的事了。只要您根据计算机的提示，输入数据和单击按钮就可以完成。

如图 2-1 所示为 AutoCAD 2014 安装界面。

图 2-1　AutoCAD 2014 安装界面

二、启动 AutoCAD

当系统安装 AutoCAD 后，我们要使用 AutoCAD 绘图，首先要启动它。通常有几种常用的启动方式。

第一，是在桌面上直接双击 AutoCAD 的图标，即可启动，如图 2-2 所示为几种版本的 CAD 桌面快捷图标。

第二，是点击"开始-程序-Autodesk-AutoCAD****-AutoCAD****"，便可启动。

第三，是快速启动方式，如果用户为 AutoCAD 创建了快速方式，任务栏的快速启动区中就会有 AutoCAD 的图标，单击图标就可启动。

图 2-2　CAD 桌面快捷图标

第四，是如果电脑中保存了使用 AutoCAD 绘制的图形文件，用鼠标双击该类文件，即可在打开文件的同时启动 AutoCAD。

第二节　工作空间与界面组成

现代 CAD 设计软件，都在突出一个快捷高效的特点。让用户更快更好地完成工作，是 CAD 软件公司追求的目标。使用 CAD 做任何的设计，实际都是使用 CAD 命令或者工具来完成。在 AutoCAD 2009 之前的版本，工作空间的概念并不是很突出。所有的用户打开软件，基本上都是在同一个界面下完成工作。在 AutoCAD 2014 中，针对不同的用户提供了不同的工作空间，同时针对特殊用户还可以自己定义工作空间。

启动 AutoCAD 2014 后，系统进入默认空间，自动新建一个名称为"Drawing1.dwg"的文件，在默认空间的界面之上出现一个"客户参与计划"窗口，如图 2-3（a）所示，关闭此窗口又出现一个"欢迎"窗口，如图 2-3（b）所示。保持联机状态并单击上面的文件索引，无需离开工作环境就可以了解 AutoCAD 2014 的各项新内容。

(a) "客户参与计划" 窗口　　　　　　　　　　　　　(b) "欢迎" 窗口

图 2-3　新功能介绍界面

一、工作空间

AutoCAD 2014 的工作空间分为四类：草图与注释、三维基础、三维建模和 AutoCAD 经典。其中草图与注释为二维绘图环境，三维基础和三维建模为三维绘图环境，AutoCAD 经典为二维和三维绘图环境。

AutoCAD 2014 的默认空间为草图与注释，单击界面顶部"草图与注释"右边的倒三角（工作空间控件），弹出如图 2-4 所示的菜单，可以在四个空间任意切换。也可以单击界面右下角的"切换工空间"按钮，弹出如图 2-5 所示的菜单，也可以实现在四个空间的任意切换。

图 2-4　切换工作空间菜单（1）　　　　图 2-5　切换工作空间菜单（2）

二、界面组成

1．草图与注释

最小化或者关闭新功能介绍界面，进入 AutoCAD 2014 的默认空间："草图与注释"，其界面如图 2-6 所示，主要由图标按钮、应用程序窗口、功能区、命令窗口、设计提要面板、状态栏、坐标系、绘图区、视图方位显示以及导航栏等部分组成。

图 2-6　"草图与注释"工作界面

2．三维基础和三维建模

三维基础界面如图 2-7 所示，三维建模界面如图 2-8 所示。此空间可以创建、编辑曲面、网格、三维的实体模型，也可以进行相关的二维操作。

图 2-7 "三维基础"工作界面

图 2-8 "三维建模"工作界面

3．AutoCAD 经典

AutoCAD 经典实质是老版本的界面格式，对于熟悉并习惯于 AutoCAD 老版本的用户来讲，使用此界面会更方便些。

AutoCAD 2014 经典界面主要由图标按钮、应用程序窗口、菜单栏、各种工具栏、绘图区、十字光标、命令窗口、状态栏、工具选项板、模型/布局选项卡、视图方位显示、滚动条和坐标系图标等组成，如图 2-9 所示。

图 2-9　"AutoCAD 2014 经典"界面组成

（1）图标按钮　图标按钮位于屏幕的左上角，单击图标按钮可以搜索命令以及访问用于创建、打开、存盘、发布文件的工具以及最近打开的文档等。单击图标按钮，系统将弹出如图 2-10 所示菜单。

（2）应用程序窗口　应用程序窗口位于屏幕顶部，如图 2-11 所示，依次为快速访问工具栏、标题栏、信息中心和窗口控制按钮。快速访问工具栏可提供对定义的命令集的直接访问、切换工作空间以及自定义、保存个性化空间。标题栏将文件名称显示在图形窗口中。信息中心可以在"帮助"系统中搜索主题、登录到 Autodesk ID、打开 Autodesk Exchange，并显示"帮助"菜单的选项，也可以显示产品通告、更新和通知等。最右端是三个标准 Windows 窗口控制按钮：最小化按钮、最大化/还原按钮、关闭应用程序按钮。

图 2-10　应用程序菜单

快速访问工具栏　　　　　　标题栏　　　　　　信息中心　　　　　窗口控制按钮

图 2-11　应用程序窗口

（3）菜单栏　菜单栏是主菜单，在屏幕的第二行，它是一系列命令的列表，可利用其执行 AutoCAD 的大部分命令。单击菜单栏中的某一项，会弹出相应的下拉菜单。图 2-12 所示为"插入"下拉菜单。下拉菜单中，右侧有小三角的菜单项，表示它还有子菜单。图 2-12 显示出了"布局"子菜单；菜单命令右侧有三个小点的菜单项，表示单击该菜单项后要显示出一个对话框；右侧没有内容的菜单项，单击它后会执行对应的 AutoCAD 命令。

（4）各种工具栏　包括位于菜单栏下的"标准"工具栏、"对象属性"工具栏、"图层"工具栏和"样式"工具栏，位于屏幕两边的"绘图"工具栏和"修改"工具栏等。AutoCAD 显示哪些工具栏，显示在什么位置、或者锁定在什么位置，用户可根据作图的要求来设置。

工具栏也称工具条，其上的每一个命令按钮代表 AutoCAD 的一条命令，只要移动鼠标到某一按钮上单击，就执行该按钮代表的命令。一个按钮是一条命令的形象的图形代号。移动鼠标到某一按钮稍停片刻，就会显示与该按钮对应的命令名称及简要功能介绍。

（5）绘图区　屏幕上的空白区域是绘图区，是 AutoCAD 画图和显示图形的地方。用户可以根据需要设置绘图区的颜色。在绘图区的空白处单击鼠标右键，在弹出的随位菜单中单击"选项"，如图 2-13（a）所示，或者单击下拉菜单"工具/选项"，如图 2-13（b）所示。弹出如图 2-14 所示的对话框。点击对话框左中的　颜色(C)...　，弹出如图 2-15 所示的"图形窗口颜色"对话框，在对话框右上角的颜色选项中选择需要的颜色即可。

(a)　　(b)

图 2-12　"插入"下拉菜单　　　　　　图 2-13　调用"选项"菜单

图 2-14　"选项"对话框

图 2-15　"图形窗口颜色"对话框

（6）十字光标　绘图区内的两条正交十字线叫十字光标，移动鼠标可改变十字光标的位置。十字光标的交点代表当前点的位置。在图 2-14 所示的"选项"对话框的右下部位拖动十字光标大小下面的滑块就可改变十字光标大小。

（7）命令行　也称命令对话区，是 AutoCAD 与用户对话的区域，显示用户输入的命令。执行命令后，显示该命令的提示，提示用户下一步该做什么。其包含的行数可以设定。通过 F2 键可在命令提示窗口和命令对话区之间切换。

（8）状态栏　状态栏在屏幕的最下方，显示了光标的坐标值、绘图工具，以及用于快速查看和注释缩放的工具。如图 2-16 所示。状态行的最左边显示十字光标中心所在位置的坐标值，移动鼠标，坐标值不断变化。中间是辅助绘图工具，用户可以以图标或文字的形式查看图形工具按钮。通过捕捉工具、极轴工具、对象捕捉工具和对象追踪工具的快捷菜单，可以更改这些绘图工具的设置。模型布局查看工具可以预览打开的图形和图形中的布局，并在其间进行切换。注释工具可以显示用于缩放的比例、参数设置。工作空间按钮，用户可以切换工作空间并显示当前工作空间的名称。锁定按钮可锁定工具栏和窗口的当前位置。全屏显示控制要展开图形显示的区域。

可以通过状态栏的快捷菜单向应用程序状态栏添加按钮或从中删除按钮。应用程序状态栏关闭后，屏幕上将不显示"全屏显示"按钮。状态行的功能按钮，用鼠标单击使其变成浅蓝色就调用了该按钮对应的功能。

图 2-16　状态栏

（9）工具选项板　工具选项板是"工具选项板"窗口中的选项卡形式区域，用于显示与当前使用的工作空间相关联的控制面板，每个控制面板均包含相关的工具和控件。它们提供了一种用来组织、共享和放置块、图案填充及其他工具的有效方法。工具选项板还可以包含由第三方开发人员提供的自定义工具。

如需隐藏面板，可单击面板窗口左上角的按钮。隐藏面板后，面板将收缩为一个控制条。以后要显示面板，只需将光标移至该控制条所在区域即可。

（10）模型/布局选项卡　模型/布局选项卡用于实现模型空间与图纸空间的切换。

（11）视图方位显示　视图方位显示就是视图控制器，是在二维模型空间或三维视觉样式中处理图形时显示的导航工具。使用视图方位显示，可以在基本视图之间切换。

（12）滚动条　位于绘图区下方的是水平滚动条，位于绘图区右侧的是垂直滚动条，拖拽滚动条上的滑块可以使图纸沿水平或垂直方向移动，即平移绘图窗口中显示的内容。

（13）坐标系图标　坐标系图标通常位于绘图区的左下角，表示当前绘图所使用的坐标系的形式以及坐标方向等。AutoCAD 提供有世界坐标系（World Coordinate System，WCS）和用户坐标系（User Coordinate System，UCS）两种坐标系。默认坐标系为世界坐标系。

第三节　文件的创建、打开与存储

在学习各绘图之前，了解 AutoCAD 中的基本操作是十分必要的。所谓的基本操作主要包括创建新文件、打开已有文件、保存以及关闭文件等。

一、文件的创建

在 AutoCAD 中创建一个新文件，只需选择"文件"→"新建"命令，或者单击图标"□"，AutoCAD 弹出"选择样板"对话框，如图 2-17 所示。通过此对话框选择对应的样板后（初学者一般选择样板文件 acadiso.dwt 即可），单击"打开"按钮，就会以对应的样板为模板建立一新图形。

图 2-17　"选择样板"对话框

二、文件的打开

选择"文件"→"打开"，或者单击图标"☞"，弹出"选择文件"对话框，如图 2-18 所示，选择用户要打开的文件即可打开文件。也可通过输入相应命令或单击工具栏中相应按钮实现该操作。

图 2-18　打开已有文件

三、文件的存储

在 AutoCAD 中，有两种保存文件的方法：一是利用系统变量 SAVETIME 来设置自动存储时间。系统按照设定的时间每隔一段就自动保存文件，可以避免由于意外造成所做工作的丢失；二是利用"SAVE"选项对文件进行保存，还可利用"SAVE AS"选项将文件以另外的名称保存。

　　低版本的 CAD 文件可以直接用高版本的 CAD 打开，但用高版本 CAD 创建的文件需要另存为低版本的 CAD 文件才能打开。只需在"另存为"对话框中的"文件类型"中选择需要保存的版本即可，如图 2-19 所示。

图 2-19　高版本文件存为低版本文件

　　如果需要换名存盘（将当前绘制的图形以新文件名存盘），就要执行 SAVE AS 命令，AutoCAD 弹出"图形另存为"对话框，要求用户确定文件的保存位置及文件名，用户响应即可。如图 2-19 所示，修改要保存文件的路径和名字。

第四节　命令输入方法、坐标系统与作图原则

一、命令的输入方法

命令的输入方法有四种：

1. 通过点击下拉菜单输入命令，如图 2-20 所示。
2. 通过点击工具栏上的命令图标输入命令，如图 2-21 所示。
3. 通过命令行直接输入命令，如图 2-22 所示。

　　默认情况下，系统在用户键入时自动完成命令名或系统变量。此外，还会显示一个有效选择列表，用户可以从中进行选择。使用 AUTOCOMPLETE 命令还可以控制想要使用哪些自动功能。

　　如果禁用自动完成功能，可以在命令行中输入一个字母并按 TAB 键以循环显示以该字母开头的所有命令和系统变量。按 Enter 键或空格键来启动命令或系统变量。

4．通过按回车键输入前一次刚刚执行过的命令。

图 2-20　下拉菜单　　　　　　　　　　　图 2-21　命令图标

图 2-22　命令行和有效选择列表

二、坐标系统

AutoCAD 中，有以下几种坐标系统。

1．绝对直角坐标，如图 2-23（a）所示：即输入点的 X 值和 Y 值，坐标之间用逗号（英文半角）隔开。

图 2-23　AutoCAD 坐标系统

2．相对直角坐标，如图 2-23（b）所示：指相对前一点的直角坐标值，其表达方式是在绝对坐标表达式前加一个"@"号。

3．绝对极坐标，如图 2-23（c）所示：是输入该点距坐标系原点的距离以及这两点的连线与 X 轴正方向的夹角，中间用"<"号隔开。

4．相对极坐标，如图 2-23（d）所示：指相对于前一点的极坐标值，表达方式也为在极坐标表达式前加一个"@"号。

三、作图原则

为了提高作图速度，用户最好遵循如下的作图原则。

1．始终用 1∶1 绘图，如要改变图样的大小，可以在打印时在图纸空间设置出图比例。

2．为不同类型的图元对象设置不同的图层、颜色、线形和线宽，并由图层控制。

3．作图时，应随时注意命令行的提示，根据提示决定下一步动作，这样可以有效地提高作图效率及减少误操作。

4．使用栅格捕捉功能，并将栅格捕捉间距设为适当的数值，可以提高绘图精度。

5．不要将图框和图绘制在一幅图中，可在布局中将图框以块的形式插入，然后再打印输出。

6．自定义样板图文件、经常使用设计中心可以提高作图效率。

第三章　绘图环境设置

绘图环境设置是为了符合自己个性化的一些绘图需要而进行的设置。设置了合适的绘图环境，不仅可以简化大量的调整、修改工作，而且有利于统一格式，便于图形的管理和使用，提高绘图的速度。

第一节　绘图参数设置

一、图形界限 LIMITS

图形界限是绘图的范围，相当于手工绘图时图纸的大小。设定合适的绘图界限，有利于确定图形绘制的大小、比例、图形之间的距离，以便检查图形是否超出"图框"。

命令　LIMITS

菜单　格式→图形界限

命令及提示

命令：' _limits

重新设置模型空间界限：

指定左下角点或 [开(ON)/关(OFF)] <0.0000,0.0000>：

指定右上角点<420.0000,297.0000>：

参数说明

（1）指定左下角点：定义图形界限的左下角点，一般默认为坐标原点。

（2）指定右上角点：定义图形界限的右上角点。

（3）开（ON）：打开图形界限检查。如果打开了图形界限检查，系统不接受设定的图形界限之外的点输入。但对具体的情况检查的方式不同。如对直线，如果有任何一点在界限之外，均无法绘制该直线。对圆、文字而言，只要圆心、起点在界限范围之内即可，甚至对于单行文字，只要定义的文字起点在界限之内，实际输入的文字不受限制。对于编辑命令，拾取图形对象点不受限制，除非拾取点同时作为输入点，否则，界限之外的点无效。

（4）关（OFF）：关闭图形界限检查。

实例　设置绘图界限为 420，297 的 A3 图幅，并通过栅格显示该界限。

【操作过程】

命令：' _limits

重新设置模型空间界限：

指定左下角点或 [开(ON)/关(OFF)] <0.0000,0.0000>：

指定右上角点<421.0000,297.0000>：

命令：zoom

指定窗口角点,输入比例因子(nX 或 nXP),或[全部(A)/中心点(C)/动态(D)/范围(E)/上一个(P)/比例(S)/窗口(W)]<实时>：a(或者双击鼠标滚轮键，也可以达到此目的。)

正在重生成模型。

命令：按"F7"键<栅格 开>

结果如图 3-1 所示。

图 3-1 绘图界限

二、单位 UNITS

图 3-2 "图形单位"对话框

图 3-3 "方向控制"对话框

对任何图形而言，总有其大小、精度以及采用的单位。AutoCAD 中，在屏幕上显示的只是屏幕单位，但屏幕单位应该对应一个真实的单位。不同的单位其显示格式是不同的。同样也可以设定或选择角度类型、精度和方向。

命令 UNITS

菜单 格式→单位

执行该命令后，弹出图 3-2 所示"图形单位"对话框。

该对话框中包括长度、角度、插入时的缩放单位、输出样例和光源五个区。

（1）长度区：设定长度的单位类型及精度。

（2）角度区：设定角度单位类型和精度。

（3）插入时的缩放单位：控制插入到当前图形中的块和图形的测量单位。

（4）输出样例区：该区示意了以上设置后的长度和角度单位格式。

（5）光源：控制当前图形中光度控制光源的强度测量单位。有国际、美国和常规三种选择。

图形单位对话框还有四个按钮：确定、取消、方向和帮助。

方向按钮用来设定角度方向。点取该按钮后，弹出图 3-3 所示"方向控制"对话框。

该对话框中可以设定基准角度方向，缺省 0° 为东的方向。

第二节 辅助工具设置

一、捕捉和栅格

捕捉和栅格提供了一种精确绘图工具。通过捕捉可以将屏幕上的拾取点锁定在特定的位置上，而这些位置，隐含了间隔捕捉点。栅格是在屏幕上可以显示出来的具有指定间距的网格，这些网格只是绘图时提供一种参考作用，其本身不是图形的组成部分，也不会被输出。栅格设定太密时，在屏幕上显示不出来。可以设定捕捉点即栅格点。

命令：DSETTINGS

菜单：工具→草图设置

同样也可以在状态栏中右击栅格或捕捉选择快捷菜单中的"设置"来进行设置。

执行该命令后，弹出如图 3-4 所示"草图设置"对话框。其中第一个选项卡即"捕捉和栅格"选项卡。

图 3-4　草图设置对话框

该选项卡中包括"启用捕捉"和"启用栅格"两大项。

（一）启用捕捉：打开或关闭捕捉模式。也可以通过单击状态栏上的"捕捉"、按<F9>键，或使用 SNAPMODE 系统变量，来打开或关闭捕捉模式。

1．捕捉间距：控制捕捉位置的不可见矩形栅格，以限制光标仅在指定的 X 和 Y 间隔内移动。

2．极轴间距：控制在极轴捕捉模式下的极轴间距。选定"捕捉类型和样式"下的"PolarSnap"时，设定捕捉增量距离。

3．捕捉类型：设定捕捉样式和捕捉类型。

（1）栅格捕捉：设定栅格捕捉类型。如果指定点，光标将沿垂直或水平栅格点进行捕捉（SNAPTYPE 系统变量）。分成矩形捕捉和等轴测捕捉两种方式。

（2）PolarSnap：将捕捉类型设定为"PolarSnap"。如果启用了"捕捉"模式并在极轴追踪打开的情况下指定点，光标将沿在"极轴追踪"选项卡上相对于极轴追踪起点设置的极轴对齐角度进行捕捉。

（二）启用栅格：打开或关闭栅格。也可以通过单击状态栏上的"栅格"、按<F7>键，或使用 GRIDMODE 系统变量，来打开或关闭栅格模式。

二、极轴追踪

利用极轴追踪可以在设定的极轴角度上根据提示精确移动光标。极轴追踪提供了一种拾取特殊角度上点的方法。

命令　DSETTINGS

菜单　工具→草图设置

同样可以在状态栏中右击极轴选择快捷菜单中的"设置"来进行设置。

在"草图设置"对话框中的"极轴追踪"选项卡如图 3-5 所示。

图 3-5 "极轴追踪"选项卡

该选项卡中包含了"启用极轴追踪"复选框、极轴角设置、对象捕捉追踪设置和极轴角测量单位三个区。

1．启用极轴追踪：该复选框控制在绘图时是否使用极轴追踪。

2．极轴角设置区

3．对象捕捉追踪设置区

（1）仅正交追踪：仅仅在对象捕捉追踪时采用正交方式。

（2）用所有极轴角设置追踪：在对象捕捉追踪时采用所有极轴角。

4．极轴角测量单位区

（1）绝对：设置极轴角为绝对角度。在极轴显示时有明确的提示。

（2）相对上一段：设置极轴角为相对上一段的角度。在极轴显示时有明确的提示。

三、对象捕捉

绘制的图形各组成元素之间一般不会是孤立的，而是互相关联的。一个图形中有一矩形和一个圆，该圆和矩形之间的相对位置必须确定。如果圆心在矩形的左上角顶点上，在绘制圆时，必须以矩形的该顶点为圆心来绘制，这里就应采用捕捉矩形顶点方式来精确定点。以此类推，几乎在所有的图形中，都会频繁涉及对象捕捉。

1．对象捕捉模式：为不同的对象设置不同的捕捉模式。

命令　DSETTINGS

菜单　工具→绘图设置

同样可以在状态栏中右击对象捕捉选择快捷菜单中的"设置"进行。在"草图设置"对话框中的"对象捕捉"选项卡如图 3-6 所示。

"对象捕捉"选项卡中包含了"启用对象捕捉"、"启用对象捕捉追踪"两个复选框以及对象捕捉模式区。

（1）启用对象捕捉：控制是否启用对象捕捉。

（2）启用对象捕捉追踪：控制是否启用对象捕捉追踪。如图 3-7 所示，捕捉该正六边形的中心。可以打开对象捕捉追踪，然后在输入点的提示下，首先将光标移到直线 *AB* 上，出现中点提示后，将光标移到端点 *BC* 上，出现端点提示后，向左移到中心位置附近，出现提示，该点即是中心点。

图 3-6　"对象捕捉"选项卡

图 3-7　对象捕捉追踪

（3）"对象捕捉模式"区的各项说明如下。

● 端点：捕捉直线、圆弧、多段线、填充直线、填充多边形等端点，拾取点靠近哪个端点，即捕捉该端点。如图 3-8 所示。

● 中点：捕捉直线、圆弧、多段线的中点。对于参照线，"中点"将捕捉指定的第一点（根）。当选择样条曲线或椭圆弧时，"中点"将捕捉对象起点和端点之间的中点，如图 3-9 所示。

图 3-8　捕捉端点

图 3-9　捕捉中点

● 圆心：捕捉圆、圆弧或椭圆弧的圆心，拾取圆、圆弧、椭圆弧而非圆心，如图 3-10 所示。

● 节点：捕捉点对象以及尺寸的定义点。块中包含的点可以用作快速捕捉点。如图 3-11 所示。

● 插入点：捕捉块、文字、属性、形、属性定义等插入点。如果选择块中的属性，AutoCAD 将捕捉属性的插入点而不是块的插入点。因此，如果一个块完全由属性组成，只有当其插入点与某个属性的插入点一致时才能捕捉到其插入点。如图 3-12 所示。

图 3-10　捕捉圆心

图 3-11　捕捉节点

图 3-12　插入点

● 象限点：捕捉到圆弧、圆或椭圆的最近的象限点（0°、90°、180°、270°点）。圆和圆弧的象限点的捕捉位置取决于当前用户坐标系（UCS）方向。要显示"象限点"捕捉，圆或圆弧的法线方向必须与当前用户坐标系的 Z 轴方向一致。如果圆弧、圆或椭圆是旋转块的一部分，那么象限点也随着块旋转。如图 3-13 所示。

图 3-13　捕捉象限点

● 交点：捕捉两图形元素的交点，这些对象包括圆弧、圆、椭圆、椭圆弧、直线、多线、多段线、射线、样条曲线或参照线。"交点"可以捕捉面域或曲线的边，但不能捕捉三维实体的边或角点。块中直线的交点同样可以捕捉，如果块以一致的比例进行缩放，可以捕捉块中圆弧或圆的交点。如图 3-14 所示。

图 3-14　捕捉交点　　　　　　　　图 3-15　捕捉延伸交点

● 延伸：可以使用"延伸"对象捕捉延伸直线和圆弧。与"交点"或"外观交点"一起使用"延伸"，可获得延伸交点。要使用"延伸"，在直线或圆弧端点上暂停后将显示小的加号（+），表示直线或圆弧已经选定，可以用延伸。沿着延伸路径移动光标将显示一个临时延伸路径。如果"交点"或"外观交点"处于"开"状态，就可以找出直线或圆弧与其他对象的交点。如图 3-15 所示。

● 垂足："垂足"可以捕捉到与圆弧、圆、参照、椭圆弧、直线、多线、多段线、射线、实体或样条曲线正交的点，也可以捕捉到对象的外观延伸垂足，所以最后结果是垂足未必在所选的对象上。当用"垂足"指定第一点时，AutoCAD 将提示指定对象上的一点。当用"垂足"指定第二点时，AutoCAD 将捕捉刚刚指定的点以创建对象或对象外观延伸的一条垂线。对于样条曲线，"垂足"将捕捉指定点的法线矢量所通过的点。法线矢量将捕捉样条曲线上的切点。如果指定点在样条曲线上，则"垂足"将捕捉该点。在某些情况下，垂足对象捕捉点不太明显，甚至可能会没有垂足对象捕捉点存在。如果"垂足"需要多个点以创建垂直关系，

AutoCAD 显示一个递延的垂足自动捕捉标记和工具栏提示，并且提示输入第二点。如图 3-16 绘制一直线同时垂直于直线和圆，在输入点的提示下，采用"垂足"响应。

图 3-16　捕捉垂足

- 外观交点：和交点类似的设定。捕捉空间两个对象的视图交点，注意在屏幕上看上去"相交"，如果第三个坐标不同，这两个对象并不真正相交。采用"交点"模式无法捕捉该"交点"。如果要捕捉该点，应该设定成"外观交点"。

- 快速：当用户同时设定了多个捕捉模式时，捕捉发现的第一个点。该模式为 AutoCAD 设定的默认模式。

- 无：不采用任何捕捉模式，一般用于临时覆盖捕捉模式。

- 切点：捕捉与圆、圆弧、椭圆相切的点。如采用 TTT、TTR 方式绘制圆时，必须和已知的直线或圆、圆弧相切。如绘制一直线和圆相切，则该直线的上一个端点和切点之间的连线保证和圆相切。对于块中的圆弧和圆，如果块以一致的比例进行缩放并且对象的厚度方向与当前 UCS 平行，就可以使用切点捕捉。对于样条曲线和椭圆，指定的另一个点必须与捕捉点处于同一平面。如果"切点"对象捕捉需要多个点建立相切的关系，AutoCAD 显示一个递延的自动捕捉"切点"创建两点或三点圆。如图 3-17 绘制一直线垂直于直线并和圆相切。

- 最近点：捕捉该对象上和拾取点最靠近的点，如图 3-18 所示。

图 3-17　捕捉切点　　　　　　　　　　　　　图 3-18　捕捉最近点

- 平行：绘制直线段时应用"平行"捕捉。要想应用单点对象捕捉，请先指定直线的"起点"，选择"平行"对象捕捉（或将"平行"对象捕捉设置为执行对象捕捉），然后移动光标到想与之平行对象上，随后将显示小的平行线符号，表示此对象已经选定。再移动光标，在最近与选定对象平行时自动"跳到"平行的位置。该平行对齐路径以对象和命令的起点为基点。可以与"交点"或"外观交点"对象捕捉一起使用"平行"捕捉，从而找出平行线与其他对象的交点。

实例　从圆上一点开始，绘制直线的平行线。

在提示输入下一点时，将光标移到直线上，如图 3-19（a）所示。然后将光标移到与直线平行的方向附近，此时会自动出现一"平行"提示，如图 3-19（b）所示。点取绘制该平行线，结果如图 3-19（c）所示。

图 3-19 捕捉平行线

（4）捕捉自：定义从某对象偏移一定距离的点。"捕捉自"不是对象捕捉模式之一，但往往和对象捕捉一起使用。

实例 如图 3-20，绘制一半径为 50 的圆，其圆心位于正六边形正右方相距 50。

图 3-20 捕捉自

【操作过程】

命令：circle
指定圆的圆心或[三点(3p)/两点(2p)/相切、相切、半径(T)]：点取"捕捉自"按钮_from
基点：点取 A 点，随即将光标移到 A 点正右方(或在下面提示下输入"@50<0")

图 3-21 对象捕捉快捷菜单

<偏移>：50
指定圆的半径或[直径(D)]：25
（5）临时追踪：创建对象捕捉所使用的临时点。
2. 设置对象捕捉的方法
（1）按钮：
（2）快捷菜单：在绘图区，通过<Shift>+鼠标右键执行。如图 3-21 所示。
（3）键盘输入包含前三个字母的词。如在提示输入点时输入"MID"，此时会用中点捕捉模式覆盖其他对象捕捉模式，同时可以用诸如"END,PER,QUA"、"QUI,END"的方式输入多个对象捕捉模式。
（4）通过"对象捕捉"选项卡来设置，如图 3-6 所示。
3. 对象捕捉和极轴追踪的参数设置
在图形比较密集时，即使采用对象捕捉，也可能由于图线较多而出现误选现象。所以应该设置合适的靶框。同样，用户也可以设置在自动捕捉时提示标记或在极轴追踪时是否显示追踪向量等。设置捕捉参数可以满足用户的需要。

命令　OPTIONS

菜单　工具→选项

快捷菜单　在命令行或文本窗口或绘图区中用<Shift>+鼠标右键，在快捷菜单中选择"选项"。

执行"选项"命令以后，弹出图 3-22 所示的"选项"对话框，其中"绘图"选项卡可以设置对象捕捉参数和极轴追踪参数。该选项卡中包含如下选项。

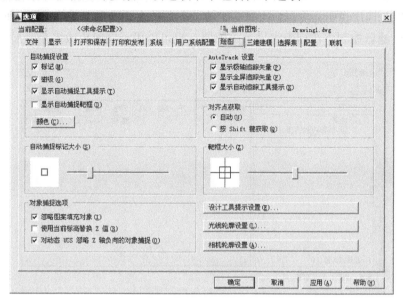

图 3-22　"绘图"选项卡

（1）自动捕捉设置。

（2）自动捕捉标记大小：通过滑块设置自动捕捉标记大小。向右移动增大，向左移动减小。

（3）对象捕捉选项：设置执行对象捕捉模式。

（4）AutoTrack 设置：控制与 AutoTrack™ 行为相关的设置，此设置在启用极轴追踪或对象捕捉追踪时可用。

（5）对齐点获取。

（6）靶框大小：可通过滑块设置靶框的大小。

（7）设计工具提示外观：控制绘图工具提示的颜色、大小和透明度。

（8）光线轮廓设置：显示"光线轮廓外观"对话框。

（9）相机轮廓设置：显示"相机轮廓外观"对话框。

第三节　图层及管理

一、图层

在 AutoCAD 中，每个层可以看成是一张透明的玻璃板，可以在不同的"玻璃板"上绘图。不同的层叠加在一起，形成最后的图形。

图层，可以设定该层是否显示，是否允许编辑、是否输出等。例如要改变粗实线的颜色，可以将其他图层关闭，仅仅打开粗实线层，一次选定所有的图线进行修改。这样做显然比在大量的图线中去将粗实线挑选出来轻松得多。在图层中可以设定每层的颜色、线型、线宽。只要图线的相关特性设定成"随层"，图线都将具有所属层的特性。所以用图层来管理图形是十分有效的。

命令　LAYER

菜单　格式→图层

工具栏　

执行图层命令后，弹出图 3-23 所示的"图层特性管理器"对话框。该对话框显示图形中的图层的列表及其特性。可以添加、删除和重命名图层，更改图层特性，设置布局视口的特性替代或添加图层说明并实时应用这些更改。无需单击"确定"或"应用"即可查看特性更改。图层过滤器控制将在列表中显示的图层，也可以用于同时更改多个图层。

图 3-23　"图层特性管理器"对话框

（1）过滤器：显示"图层过滤器特性"对话框，从中可以根据图层的一个或多个特性创建图层过滤器。

（2）图层状态管理器：

● 新建图层：创建新图层。

● 所有视口中已冻结的新图层视口：创建新图层，然后在所有现有布局视口中将其冻结。

● 删除图层：删除选定图层。只能删除未被参照的图层。

● 置为当前：将选定图层设定为当前图层。

（3）列表显示区：

状态	名称	开	冻结	锁..	颜色	线型	线宽	透明度	打印...	打.	新.	说明
✓	0				□白	Contin...	—— 默认	0	Color_7			

在列表显示区，显示可以修改图层的名称。通过点击可以控制图层的开/关、冻结/解冻、锁定/解锁。

二、颜色

颜色的合理使用，可以充分体现设计效果，而且有利于图形的管理。如在选择对象时，可以通过过滤选中某种颜色的图线。

　　设定图线的颜色有两种思路，直接指定颜色和设定颜色成"随层"或"随块"。直接指定颜色有一定的缺陷，不如使用图层来管理更方便，所以建议用户在图层中管理颜色。

命令　COLOR

　　　　COLOUR

菜单　格式→颜色

按钮　在"对象特性"工具栏中设置"随层"　[■ ByLayer ▼]

　　如果直接设定了颜色，不论该图线在什么层上，都不会改变颜色。

　　"选择颜色"对话框如图 3-24 所示。

　　选择颜色不仅可以直接在对应的颜色小方块上点取或双击，也可以在颜色文本框中键入英文单词或颜色的编号，在随后的小方块中会显示相应的颜色。另外可以设定成"随层"或"随块"。

三、线型

　　线型是图样表达的关键要素之一，不同的线型表达了不同的含义。如在建筑结构图中，粗实线表示钢筋，虚线表示不可见轮廓线，点划线表示中心线、轴线、对称线等。所以，不同的元素应该采用不同的图线来绘制。

图 3-24　"选择颜色"对话框

　　有些绘图机上可以设置不同的线型，但一方面由于通过硬件设置比较麻烦，而且不灵活；另一方面，在屏幕上也需要直观显示出不同的线型。所以目前对线型的控制，基本上都由软件来完成。

　　常用线型是预先设计好储存在线线型库中的。所以我们只需加载即可。

命令　LTYPE

　　　　LINETYPE

菜单　格式→线型

按钮　在"对象特性"工具栏中间的"随层"　[——— ByLayer ▼]

　　执行线型命令后，弹出图 3-25 所示的"线型管理器"对话框。

图 3-25　"线型管理器"对话框

该对话框中列表显示了目前已加载的线型，包括线型名称、外观和说明。另外还有线型过滤器区，加载、删除、当前及显示/隐藏细节按钮。详细信息区是否显示可通过显示细节或隐藏细节按钮来控制。

（1）线型过滤器

下拉列表框——过滤出列表显示的线型。

反向过滤器——按照过滤条件反向过滤线型。

（2）"加载"按钮：加载或重载指定的线型。弹出图 3-26 所示的"加载或重载线型"对话框。

图 3-26 "加载或重载线型"对话框

在该对话框中可以选择线型文件以及该文件中包含的某种线型。

（3）删除：删除指定的线型，该线型必须不被任何图线依赖，即图样中没有使用该种线型。实线（CONYINUOUS）线型不可被删除。

（4）当前：将指定的线型设置成当前线型。

（5）显示细节/隐藏细节：控制是否显示或隐藏选项中的线型细节。如果当前没有显示细节，则为显示细节按钮，否则为隐藏细节按钮。

（6）详细信息：包括了选中线型的名称、线型、全局比例因子、当前对象缩放比例等等。

四、线宽

图 3-27 "线宽设置"对话框

不同的图形有不同的宽度要求，并且代表不同的含义。

命令 LINEWEIGHT
LWEIGHT

菜单 格式→线宽

按钮 在"对象特性"工具栏中选右边第二个"随层" ——ByLayer

执行命令后弹出"线宽设置"对话框，如图 3-27 所示。

五、其他选项设置

除了前面介绍的设置外，还有一些设置和绘图密切相关。如"显示"、"打开/保存"等。下面介绍"选项"对话框中其他几种和用户密集相关的主要设置。

1."文件"选项："文件"选项卡如图 3-28 所示。在该对话框中可以指定文件夹，供 AutoCAD 搜索不在缺省文件夹中的文件，如字体、线型、填充图案、菜单等。

2."显示"选项

"显示"选项卡可以设定 AutoCAD 在显示器上的显示状态。如图 3-29 所示。

（1）窗口元素：控制绘图环境特有的显示设置。如配色方案等。

（2）布局元素：控制现有布局和新布局的选项。布局是一个图纸空间环境，用户可在其中设置图形进行打印。

（3）显示精度：控制对象的显示质量。如果设置较高的值提高显示质量，则性能将受到显著影响。

图 3-28 "文件"选项卡

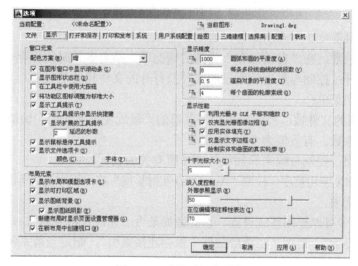

图 3-29 "显示"选项卡

（4）显示性能：控制影响性能的显示设置。

（5）十字光标大小：按屏幕大小的百分比确定十字光标的大小。

（6）淡入度控制：控制 DWG 外部参照和参照编辑的淡入度的值。

3."打开和保存"选项："打开和保存"选项卡控制了打开和保存的一些设置,如图 3-30 所示。

（1）文件保存：控制保存文件的相关设置。

● 另存为：显示使用 SAVE、SAVEAS、QSAVE、SHAREWITHSEEK 和 WBLOCK 保存文件时所用的有效文件格式。为此选项选定的文件格式将成为保存图形的默认格式。

注意：AutoCAD 2004 是 AutoCAD 2004、AutoCAD 2005 和 AutoCAD 2006 版本使用的图形文件格式。AutoCAD 2007 是 AutoCAD 2007、AutoCAD 2008 和 AutoCAD 2009 版本使用的文件格式。

（2）文件安全措施：帮助避免数据丢失以及检测错误。

● 自动保存：以指定的时间间隔自动保存图形。可以用 SAVEFILEPATH 系统变量指定所有自动保存文件的位置。SAVEFILE 系统变量（只读）可存储自动保存文件的名称。

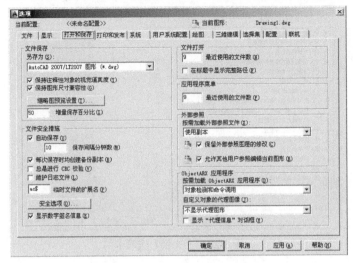

图 3-30　"打开和保存"选项卡

注意：块编辑器处于打开状态时，自动保存被禁用。

保存间隔分钟数：在"自动保存"为开的情况下，指定多长时间保存一次图形。

（3）文件打开：控制与最近使用过的文件及打开的文件相关的设置。

（4）应用程序菜单：

● 最近使用的文件数：控制应用程序菜单的"最近使用的文档"快捷菜单中所列出的最近使用过的文件数。有效值为 0 到 50。

（5）外部参照：控制与编辑和加载外部参照有关的设置。

（6）ObjectARX 应用程序：控制"AutoCAD 实时扩展"应用程序及代理图形的有关设置。

4．"系统"选项

"系统"选项卡可以控制系统设置。设置诸如是否"允许长符号名"、是否在"用户输入错误时进行声音提示"、是否"在图形文件中保存连接索引"，制定当前系统定点设备等，如图 3-31 所示。

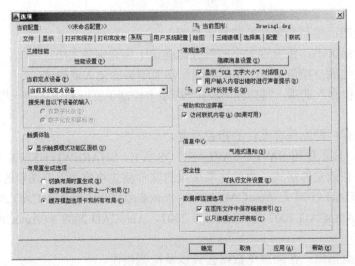

图 3-31　"系统"选项卡

5．"用户系统配置"选项

在"用户系统配置"选项卡中可以实现控制优化工作方式的选项。设置按键格式，坐标输入的优先次序，对象排序方式，设置线宽等。如图 3-32 所示。

图 3-32 "用户系统配置"选项卡

6．"配置"选项

"配置"选项卡可以将当前配置命名保存，并可以删除、输入、输出、重命名配置，可以将选择的配置设定为当前配置。如果想取消设置，可以采用重置，恢复为缺省的配置。"配置"选项卡如图 3-33 所示。

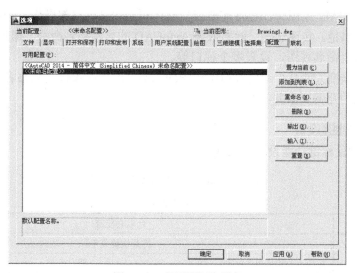

图 3-33 "配置"选项卡

7．DWT 样板图

样板图是十分重要的减少不必要重复劳动的工具之一。用户可以将各种常用的设置，如图层（包括颜色、线型、线宽）、文字样式、图形界限、单位、尺寸标注样式、输出布局等等作为样板保存。在进入新的图形绘制时如采用样板，则样板图中的设置全部可以使用，无须重新设置。

样板图不仅极大地减轻了绘图中重复的工作，将精力集中在设计过程本身，而且统一了图纸的格式，使图形的管理更加规范。

要输出成样板图，在"另存为"对话框中选择 DWT 文件类型即可。通常情况下，样板图存放于 Template 子目录下。如图 3-34 所示。

图 3-34　样板图文件

第四节　显示与控制

在使用 AutoCAD 绘图时，经常需要观察整体布局和进行局部操作，一些细微部分常常需要放大才能看清楚。实现这些，就要依靠 AutoCAD 的显示控制命令。通过显示控制命令，还可以保存和恢复命名视图，设置多个视口等。

显示控制用来增大或减小当前视口中视图的比例，改变的仅仅是观察者的视觉效果，而图形的尺寸、空间几何要素并没有改变。

一、鼠标功能键设置

AutoCAD 的鼠标键功能设置如表 3-1 所示。

表 3-1　AutoCAD 鼠标键功能设置

三键式鼠标

左键	选取功能键	
右键	打开快捷菜单	
中间键	压着不放和拖曳	即时平移
	双击	缩放成实际范围
	Shift+压着不放和拖曳	作垂直或水平的平移
	Ctrl+压着不放和拖曳	摇杆式即时平移
	Mbuttonpan=0	对象捕捉快捷菜单
Shift+右键	对象捕捉快捷菜单	

3D 鼠标

左键	选取功能键		
右键	打开快捷菜单		
中间滚轮	旋转轮子向前或向后	即时放大或缩小	
	压着不放和拖曳	即时平移	
	双击	缩放成实际范围	
	Shift+压着不放和拖曳	作垂直或水平的平移	
	Ctrl+压着不放和拖曳	摇杆式即时平移	
	Mbuttonpan=0，按一下轮子	对象捕捉快捷菜单	
Shift+右键	对象捕捉快捷菜单		

二、实时平移

实时平移可以在不改变图形缩放比例的情况下，在屏幕上观察图形的不同内容，相当于移动图纸。在命令行中输入 pan 命令，光标变成一只手的形状，按住鼠标左键移动，可以使图形一起移动。由于是即时平移，AutoCAD 记录的画面很多，所以随后显示上一个命令意义不大。

技巧　（1）在用 AutoCAD 绘制大型、复杂的图时，可不断用该命令移动视窗，以便观察和作图。

（2）PAN 命令是一透明命令，可在执行其他命令的过程中随时启动。

三、图形缩放

命令　ZOOM

工具栏　

菜单　视图→缩放

命令及提示

命令：zoom

指定窗口角点，输入比例因子（nX 或 nXP），或

[全部(A)/中心点(C)/动态(D)/范围(E)/上一个(P)/比例(S)/窗口(W)] <实时>：

参数说明

（1）指定窗口角点　通过定义一窗口来确定放大范围，在视口中点取一点即确定该窗口的一个角点，随即提示输入另一个角点。执行结果同窗口参数。对应菜单：视图→缩放→窗口。

（2）输入比例因子（nX 或 nXP）　按照一定的比例来进行缩放。大于 1 为放大，小于 1 为缩小。X 指相对于模型空间缩放，XP 指相对于图纸空间缩放。对应菜单：视图→缩放→比例。

（3）全部（A）　在当前视口中显示整个图形，其范围取决于图形所占范围和绘制界限中较大的一个。对应菜单：视图→缩放→全部。

（4）中心点（C）　指定一中心点，将该点作为视口中图形显示的中心。在随后的提示中，要求指定中心点和缩放系数及高度，系统根据给定的缩放系数（nX）或欲显示的高度进行缩放。如果不想改变中心点，在中心点提示后直接回车即可。对应菜单：视图→缩放→中心点。

（5）动态（D）　动态显示图形。该选项集成了平移命令和显示缩放命令中的"全部"和"窗口"功能。当使用该选项时，系统显示一平移观察框，可以拖动它到适当的位置并单击，此时出现一向右的箭头，可以调整观察框的大小。如果再单击鼠标左键，可以移动观察框。如果回车或右击鼠标，在当前视口中将显示观察框中的部分内容。对应菜单：视图→缩放→动态。

（6）范围（E）　将图形在当前视口中最大限度的显示。对应菜单：视图→缩放→范围。

（7）上一个（P）　恢复上一个视口内显示的图形，最多可以恢复 10 个图形显示。对应

菜单：视图→缩放→上一个。

（8）比例（S）　根据输入的比例显示图形，对模型空间，比例系数后加一（X），对于图纸空间，比例后加上（XP）。显示的中心为当前视口中图形的显示中心。对应菜单：视图→缩放→比例。

（9）窗口（W）　缩放由两点定义的窗口范围内的图形到整个视口范围。对应菜单：视图→缩放→窗口。

（10）实时　在提示后直接回车，进而实时缩放状态。按住鼠标向上或向左为放大图形显示，按住鼠标向下或向右为缩小图形显示。对应菜单：视图→缩放→实时。

技巧　（1）如果圆曲线在图形放大后成折线，这时可用 REGEN 命令重生成图形。

（2）该命令为透明命令，可在其他命令的执行过程中执行。为图形的绘制和编辑带来方便。

（3）在 ZOOM 命令提示下，直接输入比例系数则以比例方式缩放；如果直接用定标设备在屏幕上拾取两对角点，则以窗口方式缩放。

（4）在启用"实时"选项后，单击鼠标右键可出现弹出式菜单，如图 3-35 所示，可以从该菜单项中对图形进行缩放和平移以及退出实时状态，回到原始状态。

实例　用 ZOOM 命令将如图 3-36 所示的图形缩小为当前视窗的0.5 倍，然后使它全屏显示，最后让它满幅显示。

图 3-35　弹出式菜单

图 3-36　缩放实例

【操作过程】

命令：zoom

指定窗口角点，输入比例因子(nX 或 nXP)，或

[全部(A)/中心点(C)/动态(D)/范围(E)/上一个(P)/比例(S)/窗口(W)] <实时>：0.5x

命令：ZOOM

指定窗口角点，输入比例因子(nX 或 nXP)，或

[全部(A)/中心点(C)/动态(D)/范围(E)/上一个(P)/比例(S)/窗口(W)] <实时>：e

命令：ZOOM

指定窗口角点，输入比例因子(nX 或 nXP)，或

[全部(A)/中心点(C)/动态(D)/范围(E)/上一个(P)/比例(S)/窗口(W)] <实时>：a

四、图形重现

在绘图过程中，有时会在屏幕上留下一些"橡皮屑"。为了去除这些"橡皮屑"，更有利于我们绘制和观察图形，可以执行图形重现（重画）。

命令　REDRAW

　　　　REDRAWALL

菜单　视图→重画

REDRAW 命令只对当前视窗中的图形起作用，重现以后可以消除残留在屏幕上的标记点迹痕，使图形变得清晰，如果屏幕上有好几个视窗，可用 REDRAWALL 命令对所有视窗中的图形进行重现显示。

打开或关闭图形中某一图层或者关闭栅格后，系统也将自动对图形刷新并重新显示。

五、重生成图形（包括全部重生成）

重生成同样可以刷新视口，它和重画的区别在于刷新的速度不同。重生成的速度较重画要慢。

命令　REGEN

　　　　REGENALL

菜单　视图→重生成

　　　　视图→全部重生成

AutoCAD 在可能的情况下会执行重画而不执行重生成来刷新视口。有些命令执行时会引起重生成，如果执行重画无法清除屏幕上的痕迹，也只能重生成。

REGEN 命令重新生成当前视口。REGENALL 命令对所有的视口都执行重生成。

六、显示图标、属性、文本窗口

如果想知道目前工作的坐标系统或不希望 UCS 图标影响图形观察，或者需要放大文本窗口观察历史命令及其提示以及查询命令的结果，或者希望不显示属性等等，均可以通过显示控制命令来实现。

1. UCS 图标显示：显示命令可以控制 UCS 图标是否显示以及是显示在原点还是始终显示在绘图区的左下角。

命令　UCSICON

命令及提示

命令：ucsicon

输入选项[开(ON)/关(OFF)/全部(A)/非原点(N)/原点(OR)/特性(P)] <开>：

参数说明

（1）开（ON）：打开 UCS 图标的显示；

（2）关（OFF）：不显示 UCS 图标；

（3）全部（A）：显示所有视口的 UCS 图标；

（4）非原点（N）：UCS 可以不在原点显示，显示在绘图区的左下角；

（5）原点（OR）：UCS 始终在原点显示。

实例 关闭和打开 UCS 图标。

【操作过程】

命令：ucsicon

输入选项[开(ON)/关(OFF)/全部(A)/非原点(N)/原点(OR)/特性(P)] <开>：OFF

命令：ucsicon

输入选项[开(ON)/关(OFF)/全部(A)/非原点(N)/原点(OR)/特性(P)] <开>：

结果如图 3-37 所示。

（a）Ucsicon=ON

（b）Ucsicon=OFF

图 3-37　关闭和打开 USC 图标

2．属性显示全局控制

命令 attdisp

命令及提示

命令：attdisp

输入属性的可见性设置[普通(N)/开(ON)/关(OFF)] <普通>：

正在重生成模型

参数说明

（1）普通（N）：保持每个属性的当前可见性，只显示可见属性。

（2）开（ON）：使所有属性可见。

（3）关（OFF）：使所有属性不可见。

属性显示开关的效果如图 3-38 所示。

3. 文本窗口控制：通过显示命令可以控制文本窗口打开的方式为带标题和菜单的放大文本窗口或缩小为命令行窗口。

命令：TEXTSCR

执行该命令后系统将弹出如图 3-39 所示的文本窗口。

虽然命令行窗口同样可以通过鼠标拖动移到屏幕中间，并且可以改变其大小超过缺省的文本窗口大小，但文本窗口带有编辑菜单，而命令行窗口不带该菜单。

文本窗口记录了从打开图形后用户对图形进行的一切操作。

图 3-38　属性显示全局控制

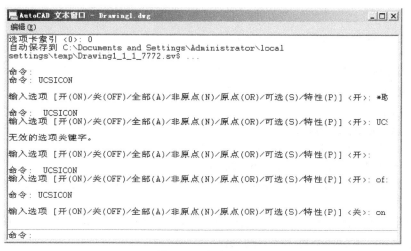

图 3-39　文本窗口

第四章　基本绘图知识

第一节　基本绘图命令与技巧

任何一张工程图纸，不论其复杂与否，都是由一些基本的图素组成。也就是由一些点、线、圆、弧等基本图元组合而成。为此 AutoCAD 系统提供了一系列画基本图元的命令，利用这些命令的组合并通过一些编辑命令的修改和补充，就可以很轻松、方便地完成我们所需要的任何复杂的二维图形。当然，如何快速、准确、灵活地绘制图形，关键还在于是否熟练掌握并理解了绘图命令、编辑命令的使用方法和技巧。

一、绘制直线

用直线（line）命令可以创建一系列的连续直线段，每一条线段都可以独立于系列中的其他线段单独进行编辑。

命令　LINE（L）

工具栏

菜单　绘图→直线

命令及提示

命令：_line

指定第一点：指定直线的起点

指定下一点或[放弃(U)]：指定直线的端点

指定下一点或[放弃(U)]：指定下一条直线的端点，形成折线

指定下一点或[闭合(C)/放弃(U)]：继续指定下一条直线的端点，直至回车、空格键或 Esc 键终止直线命令。

参数说明

（1）闭合：在"指定下一点或 [闭合（C）/放弃（U）]："提示下键入 C，则将刚才所画的折线封闭起来，形成一个封闭的多边形。

（2）放弃：在"指定下一点或 [闭合（C）/放弃（U）]："提示下键入 U，则取消刚画的线段，退回到前一线段的终点。

技巧　（1）如果绘制水平线或垂直线，可用"F8"快捷键或点取状态栏上的"正交"键切换到"正交开"状态，用鼠标取线段的起点和端点，即可快速绘制水平线和垂直线。如要绘制斜线，再按"F8"一次，切换到"正交关"状态。

（2）当直线的起点已确定时，直线的方向可由下一点确定，即起点与十字光标当前位置的连线方向为直线方向，这时可直接输入直线的长度，按回车确定。

实例　用直线命令绘制一个边长为 300×450 的长方形梁截面图，如图 4-1 所示。

图 4-1　绘制长方形实例

【操作过程】

命令：L/LINE 指定第一点：	输入 **L** 启用直线命令，指定 **A** 点
指定下一点或[放弃(U)]：<正交开> 300	按<F8>切换到"正交开"状态，输入 **300** 确定 **B** 点
指定下一点或[放弃(U)]：450	在 **X** 轴正方向上输入 **450** 确定 **C** 点
指定下一点或[闭合(C)/放弃(U)]：300	在 **Y** 轴负方向上输入 **300** 确定 **D** 点
指定下一点或[闭合(C)/放弃(U)]：C	输入 **C** 闭合该折线，退出直线命令

二、绘制构造线（和射线）

向一个或两个方向无限延伸的直线（分别称为射线和构造线），可用作创建其他对象的参照。

命令　XLINE（XL）

工具栏　![工具栏图标]

构造线
创建无限长的线
XLINE
按 F1 键获得更多帮助

菜单　绘图→射线（构造线）

构造线可以放置在三维空间中的任意位置。可以使用多种方法指定它的方向。创建直线的默认方法是两点法：指定两点定义方向。第一个点（根）是构造线概念上的中点，即通过"中点"对象捕捉捕捉到的点。

命令及提示

命令：_xline
指定点或[水平(H)/垂直(V)/角度(A)/二等分(B)/偏移(O)]：

参数说明

（1）水平和垂直：创建一条经过指定点（1）并且与当前 UCS 的 X 或 Y 轴平行的构造线。

（2）角度：用两种方法中的一种创建构造线。或者选择一条参考线，指定那条直线与构造线的角度，或者通过指定角度和构造线必经的点来创建与水平轴成指定角度的构造线。

（3）二等分：创建二等分指定角的构造线。指定用于创建角度的顶点和直线。

（4）偏移：创建平行于指定基线的构造线。指定偏移距离，选择基线，然后指明构造线位于基线的哪一侧。

三、绘制多段线

多段线由不同宽度的、首尾相连的直线段或圆弧段序列组成，作为单一对象使用。使用多线段可以一次编辑所有线段，但也可以分别编辑各线段。可以设置各线段的宽度、使线段倾斜或闭合多段线。绘制弧线段时，弧线的起点是前一个线段的端点。可以指定圆弧的角度、圆心、方向或半径。通过指定第二点和一个端点也可以完成弧的绘制。多段线是一个整体。

命令　PLINE（PL）

菜单　绘图→多段线

工具栏　

多段线
创建二维多段线
PLINE
按 F1 键获得更多帮助

命令及提示

命令：`pl/pline`

指定起点：   **指定多段线的起点**

当前线宽为 0.0000   **系统默认的当前线宽**

指定下一个点或[圆弧(A)/半宽(H)/长度(L)/放弃(U)/宽度(W)]：a

          进入画圆弧状态

指定圆弧的端点或[角度(A)/圆心(CE)/方向(D)/半宽(H)/直线(L)/半径(R)/第二个点(S)/放弃(U)/宽度(W)]：   **指定圆弧的端点，亦可输入参数对圆弧进行控制**

指定圆弧的端点或[角度(A)/圆心(CE)/闭合(CL)/方向(D)/半宽(H)/直线(L)/半径(R)/第二个点(S)/放弃(U)/宽度(W)]：   **可回车结束命令，亦可进入其他操作项**

参数说明

（1）圆弧：由直线转换为圆弧方式，绘制圆弧多段线同时提示转换为绘制圆弧的系列参数。

端点——输入绘制圆弧的端点；

角度——输入绘制圆弧的角度；

圆心——输入绘制圆弧的圆心；

闭合——将多段线首尾相连成封闭图形；

方向——确定圆弧的方向；

半宽——输入多段线一半的宽度；

直线——转换成直线绘制方式；

半径——输入圆弧的半径；

第二点——输入决定圆弧的第二点；

放弃——放弃最后绘制的一段圆弧；

宽度——输入多段线的宽度。

（2）闭合：将多段线首尾相连封闭图形，并结束命令。

（3）半宽：输入多段线一半的宽度。在绘制多段线过程中，每一段都可以重新设置半宽值。

（4）长度：输入预绘制的直线的长度，其方向与前一直线相同或与前一圆弧相切。

（5）放弃：放弃最后绘制的一段多段线。

（6）宽度：输入多段线的宽度，要求设置起始线宽和终点线宽。

技巧（1）如要用多段线命令绘制空心线，可将系统变量 FILL 设置成 OFF；转换到绘制实心线则将其设置为 ON。

（2）可以通过设置不同的起始线宽和终点线宽，来绘制图中常用的箭头符号或渐变线。

（3）在设定多段线线宽时，要考虑出图比例，建议多用颜色来区分线宽，这样打印输出时，无论比例大小，线型都不受影响。

注意（1）多段线用"分解"命令分解后将失去宽度意义，变成一段一段的直线或圆弧。

（2）打印输出的多段线时，如果多线的线宽大于该线所在图层设定的线宽，则以设定的多线线宽为准，不受图层限制；如果它小于图层中设定的线宽，则以图层中设定的线宽为准。

图4-2 多段线绘图实例

实例 绘制如图4-2所示的图形，*AB* 长 200，*EF* 长为 100，*EF* 宽为 5，其他均为 2。

【操作过程】

命令：`pline`

指定起点：   **指定 A 点**

当前线宽为 0.0000

指定下一个点或[圆弧(A)/半宽(H)/长度(L)/放弃(U)/宽度(W)]：W　　进入设置线宽状态

指定起点宽度 <0.0000>：2　　　　　　　　　　　　　　　设置起始线宽

指定端点宽度 <2.0000>：　　　　　　　　　　　　　　　设置端点线宽

指定下一个点或[圆弧(A)/半宽(H)/长度(L)/放弃(U)/宽度(W)]：200　在 X 轴正方向上输入200，确定 B 点

指定下一点或[圆弧(A)/闭合(C)/半宽(H)/长度(L)/放弃(U)/宽度(W)]：A　进入画弧状态

指定圆弧的端点或[角度(A)/圆心(CE)/闭合(CL)/方向(D)/半宽(H)

/直线(L)/半径(R)/第二个点(S)/放弃(U)/宽度(W)]：S

指定圆弧上的第二个点：　　　　　　　　　　　　　　　指定圆弧 BC 的第二点

指定圆弧的端点：　　　　　　　　　　　　　　　　　　指定圆弧的端点 C

指定圆弧的端点或[角度(A)/圆心(CE)/闭合(CL)/方向(D)/半宽(H)

/直线(L)/半径(R)/第二个点(S)/放弃(U)/宽度(W)]：S

指定圆弧上的第二个点：　　　　　　　　　　　　　　　指定圆弧 CD 的第二点

指定圆弧的端点：　　　　　　　　　　　　　　　　　　指定圆弧的端点 D

指定圆弧的端点或[角度(A)/圆心(CE)/闭合(CL)/方向(D)/半宽(H)

/直线(L)/半径(R)/第二个点(S)/放弃(U)/宽度(W)]：W　　进入设置线宽状态

指定起点宽度 <2.0000>：　　　　　　　　　　　　　　　指定圆弧 DE 的起始宽度

指定端点宽度 <2.0000>：5　　　　　　　　　　　　　　　指定圆弧 DE 的终点宽度

指定圆弧的端点或[角度(A)/圆心(CE)/闭合(CL)/方向(D)/半宽(H)

/直线(L)/半径(R)/第二个点(S)/放弃(U)/宽度(W)]：　　　　指定圆弧的端点 E

指定圆弧的端点或[角度(A)/圆心(CE)/闭合(CL)/方向(D)/半宽(H)

/直线(L)/半径(R)/第二个点(S)/放弃(U)/宽度(W)]：L　　进入画直线状态

指定下一点或[圆弧(A)/闭合(C)/半宽(H)/长度(L)/放弃(U)

/宽度(W)]：100　　　　　　　　　　　　　　　　　　　在 EF 方向上输入100，确定 EF 的长度

指定下一点或[圆弧(A)/闭合(C)/半宽(H)/长度(L)/放弃(U)/宽度(W)]：回车结束命令

四、绘制多线

多线可包含 1 到 16 条平行线,这些平行线称为元素。通过指定距多线初始位置的偏移量可以确定元素的位置。可以创建和保存多线样式或使用包含两个元素的默认样式。可以设置每个元素的颜色和线型,显示或隐藏多线的接头。所谓接头是那些出现在多线元素每个顶点处的线条。有多种类型的封口可用于多线。

（一）设置多线样式

命令　MLSTYLE

菜单　格式→多线样式

启用多线样式命令后,弹出多线样式对话框。显示当前的多线样式。如图 4-3 所示。

选项及说明　（1）当前多线样式:显示当前多线样式的名称,该样式将在后续创建的多线中用到。

图 4-3　"多线样式"对话框

（2）样式：显示已加载到图形中的多线样式列表。多线样式列表可包括存在于外部参照图形（xref）中的多线样式。外部参照的多线样式名称使用与其他外部依赖非图形对象所使用语法相同。请参见《用户手册》中的参照图形（外部参照）概述。

（3）说明：显示选定多线样式的说明。

（4）预览：显示选定多线样式的名称和图像。

（5）置为当前：设置用于后续创建的多线的当前多线样式。注意不能将外部参照中的多线样式设定为当前样式。

（6）新建：显示"创建新的多线样式"对话框，从中可以创建新的多线样式。

（7）修改：显示"修改多线样式"对话框，如图 4-4 所示，从中可以修改选定的多线样式。

图 4-4　"修改多线样式"对话框

注意　不能编辑图形中正在使用的任何多线样式的元素和多线特性。要编辑现有多线样式，必须在使用该样式绘制任何多线之前进行。

（8）重命名：重命名当前选定的多线样式。不能重命名 STANDARD 多线样式。

（9）删除：从"样式"列表中删除当前选定的多线样式。此操作并不会删除 MLN 文件中的样式。不能删除 STANDARD 多线样式、当前多线样式或正在使用的多线样式。

（10）加载：显示"加载多线样式"对话框，可以从多线线型库中调出多线。点取后弹出如图 4-5 所示的"加载多线样式"对话框。可以浏览文件，从中选择线型进行加载。

（11）保存：将多线样式保存或复制到多线库（MLN）文件。如果指定了一个已存在的MLN 文件，新样式定义将添加到此文件中，并且不会删除其中已有的定义。

技巧　（1）用 PRUGR 命令可清除图形中未用的多线线型定义。

（2）利用多线设置中的偏移项可设置到偏移点的距离不等的多线样式。比如设置 490 的墙等。

实例　设置建筑平面图中的 490mm 的墙。

【操作过程】

① 命令：mlstyle，弹出"多线样式"对话框；

② 点击"新建"将名称改为"49"，如图 4-6 所示；

图 4-5 "加载多线样式"对话框

图 4-6 将名称改为"49"

③ 点击"修改",在"修改多线样式"对话框中点击"添加",修改"偏移"中数据,更改颜色完成如图 4-7 所示设置,点击"确定"完成设置。

图 4-7 "修改多线样式"设置

（二）绘制多线

命令 MLINE（ML）

菜单 绘图→多线

命令及提示

命令：_mline

当前设置：对正=上，比例=20.00，样式=STANDARD

指定起点或[对正(J)/比例(S)/样式(ST)]：　　　　　指定多线的起点

指定下一点：　　　　　　　　　　　　　　　　　　指定多线的第二点

指定下一点或[放弃(U)]：　　　　　　　　　　　　指定多线的第三点，可放弃返回到上一点

指定下一点或[闭合(C)/放弃(U)]：　　　　　　　　指定多线的下一点，可闭合该多线

参数说明

（1）对正（J）：设置基准对正位置，包括以下三种（缺省值为上）。

上（T）——以多线的外侧线为基准绘制多线。

无（Z）——以多线的中轴线为基准，即 0 偏差位置绘制多线。

下（B）——以多线的内侧线为基准绘制多线。

（2）比例（S）：设定多线的比例，即两条平行线之间的距离大小。

（3）样式（ST）：输入采用的多线样式名，缺省为 STANDARD。

（4）放弃（U）：取消最后绘制的一段多线。

技巧 按顺时针方向画多线时，多线的外侧为上侧；按逆时针方向画多线时，多线的内侧为上侧。

实例 绘制一段封闭的 49 墙多线，如图 4-8 所示。

图 4-8 49 墙实例

【操作过程】

命令：_mline
当前设置：对正=上，比例=20.00，样式=STANDARD
指定起点或[对正(J)/比例(S)/样式(ST)]：J   输入 **J** 后回车
输入对正类型[上(T)/无(Z)/下(B)] <无>：Z   输入 **Z** 后回车
当前设置：对正=无，比例=0.10，样式=STANDARD
指定起点或[对正(J)/比例(S)/样式(ST)]：S   输入 **S** 后回车
输入多线比例 <20.00>：0.1   输入 **0.1** 后回车
当前设置：对正=无，比例=0.10，样式=STANDARD
指定起点或[对正(J)/比例(S)/样式(ST)]：   从 **A** 点开始绘制
指定下一点：   绘制到 **B** 点
指定下一点或[放弃(U)]：   绘制到 **C** 点
指定下一点或[闭合(C)/放弃(U)]：   绘制到 **D** 点
指定下一点或[闭合(C)/放弃(U)]：C   输入 **C**(闭合)后回车
如图 4-8 所示。

注意 （1）多线的线型、颜色、线宽、偏移等特性由"修改多线样式"控制，修改它只能用"多线编辑"命令。

（2）多线命令不能绘制弧形多线，它只能绘制由直线段组成的多线，它的多条平行线是一个完整的整体，也可以用"分解"命令分解成直线。

五、绘制正多边形

绘制多边形除了用 LINE 和 PLINE 命令定点绘制外，还可以用 POLYGON 命令很方便地绘制正多边形。

在 AutoCAD 中可以精确绘制边数多达 1024 的正多边形。创建正多边形是绘制正方形、等边三角形和八边形等的简便方式。

命令 POLYGON（POL）

菜单 绘图→正多边形

工具栏

多边形
创建等边闭合多段线

POLYGON

按 F1 键获得更多帮助

命令及提示

命令：polygon

输入边的数目 <4>：

指定正多边形的中心点或[边(E)]：

输入选项[内接于圆(I)/外切于圆(C)] <I>：

指定圆的半径：需要数值距离或第二点

指定圆的半径：

参数说明

（1）边的数目：输入正多边形的边数。最大为 1024，最小为 3。

（2）中心点：指定绘制的正多边形的中心点。

（3）边（E）：采用输入其中一条边的方式产生正多边形。

（4）内接于圆（I）：绘制的正多边形内接于随后定义的圆。

（5）外切于圆（C）：绘制的正多边形外切于随后定义的圆。

（6）圆的半径：定义内接圆或外切圆的半径。

技巧 （1）键入 E，即采用给定边长的两个端点画多边形，系统提示输入边的第一端点和第二端点，这两点不仅确定了边长，还确定了多边形的位置和方向。

（2）绘制的正多边形实质上是一条多段线，可以通过分解命令使之分解成单个的线段，然后进行编辑。也可以用 PEDIT 命令对其进行线宽、顶点等方面的修改。

注意 （1）因为正多边形是一条多段线，所以不能用"中心点"捕捉方式来捕捉一个已存在的多边形的中心。

（2）内接于圆方式画多边形是以中心点到多边形顶点的距离确定半径的，而外切于圆方式画多边形则是以中心点到多边形各边的垂直距离来确定半径的，同样的半径，两种方式绘制出的正多边形大小不相等。

实例 用 POLYGON 命令绘制如图 4-9 中（b）、（c）所示的正三边形，圆的半径为 100。

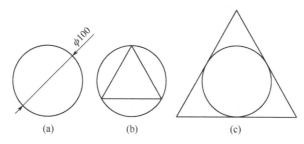

$\phi100$

(a)   (b)   (c)

图 4-9 正三边形实例

【操作过程】

命令：_polygon 输入边的数目 <4>：3

指定正多边形的中心点或[边(E)]：   **指定中心点**

输入选项[内接于圆(I)/外切于圆(C)] <I>：   **采用内接于圆方式**

指定圆的半径：100　　　　　　　　　　　　　　中心点到顶点的距离为100，结果如图4-9(b)所示

命令：polygon 输入边的数目 <3>：　　　　　　回车重复命令
指定正多边形的中心点或[边(E)]：　　　　　　　指定中心点
输入选项[内接于圆(I)/外切于圆(C)] <C>：C　　采用外切于圆方式
指定圆的半径：100　　　　　　　　　　　　　　中心点到各边的垂直距离为 **100**，结果如图
　　　　　　　　　　　　　　　　　　　　　　　4-9(c) 所示

六、绘制矩形

RECTANG 命令以指定两个对角点的方式绘制矩形，当两角点形成的边相同时则生成正方形。
命令　　RECTANG（REC）
菜单　　绘图→矩形
工具栏　

矩形
创建矩形多段线

RECTANG
按 F1 键获得更多帮助

命令及提示
命令：rectang
指定第一个角点或[倒角(C)/标高(E)/圆角(F)/厚度(T)/宽度(W)]：
指定另一个角点：
参数说明
（1）指定第一个角点：定义矩形的一个顶点。
（2）指定另一个角点：定义矩形的另一个角点。
（3）倒角（C）：设定倒角的距离，从而绘制带倒角的矩形。
第一倒角距离——定义第一倒角距离。
第二倒角距离——定义第二倒角距离。
（4）圆角（F）：设定矩形的倒圆角半径，从而绘制带圆角的矩形。
矩形的圆角半径——定义圆角半径。
（5）宽度（W）：定义矩形的线条宽度。
（6）标高（E）：设定矩形在三维空间中的基面高度。
（7）厚度（T）：设定矩形的厚度，即三维空间 Z 轴方向的厚度。
技巧　选择对角点时，没有方向限制，可以从左到右，也可以从右到左。
注意　（1）绘制的矩形是一多段线，可以通过分解命令使之分解成单个的线段，同时失
　　　　　　去线宽性质。
　　　　　　（2）线宽是否填充和系统变量 FILL 的设置有关。
　　　　　　实例　绘制一个倒圆角半径为 2 的矩形，矩形线宽为 0.4，如图
　　　　　4-10 所示。

图 4-10　倒圆角矩形　　　　　**【操作过程】**

命令：_rectang
指定第一个角点或[倒角(C)/标高(E)/圆角(F)/厚度(T)/宽度(W)]：W　　**进入设置线宽状态**
指定矩形的线宽 <0.0000>：0.4　　　　　　　　　　　　　　　　　**设置矩形的线条宽度为 0.4**
指定第一个角点或[倒角(C)/标高(E)/圆角(F)/厚度(T)/宽度(W)]：F　　**进入圆角设置状态**
指定矩形的圆角半径 <0.0000>：2　　　　　　　　　　　　　　　　**设置倒圆角的半径为 2**

指定第一个角点或[倒角(C)/标高(E)/圆角(F)/厚度(T)/宽度(W)]:　　**指定矩形的第一角点**

指定另一个角点:　　**指定矩形的另一个角点**

七、绘制圆弧

圆弧是常见的图形之一，绘制的方法有很多种，它可以通过圆弧命令直接绘制，也可以通过打断圆成圆弧以及倒圆角等方法产生圆弧。

命令　ARC（A）

菜单　绘制→圆弧

工具栏　

AutoCAD 中共有 11 种不同的定义圆弧的方式，如图 4-11 所示。

命令及提示

命令: arc

指定圆弧的起点或[圆心(C)]:

指定圆弧的第二个点或[圆心(C)/端点(E)]:

指定圆弧的端点:

参数说明　如图 4-12 所示。

（1）三点：指定圆弧的起点、终点以及圆弧上的任意一点。

（2）起点：指定圆弧的起始点。

（3）终点：指定圆弧的终止点。

（4）圆心：指定圆弧的圆心。

（5）方向：指定和圆弧起点相切的方向。

图 4-11　定义圆弧菜单

（6）长度：指定圆弧的弦长。正值绘制小于 180° 的圆弧，负值绘制大于 180° 的圆弧。

（7）角度：指定圆弧包含的角度。顺时针为负，逆时针为正。

（8）半径：指定圆弧的半径。按逆时针绘制，正值绘制小于 180° 的圆弧，负值绘制大于 180° 的圆弧。

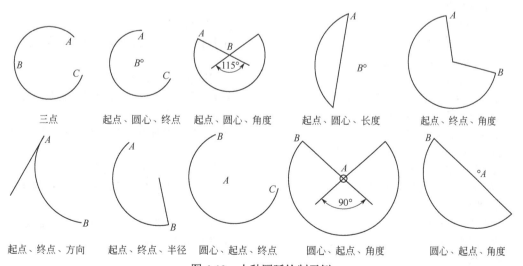

图 4-12　十种圆弧绘制示例

　　一般绘制圆弧的选项组合为。

（1）三点：通过指定圆弧上的起点、终点和中间任意一点来确定圆弧。

（2）起点、圆心：首先输入圆弧的起点和圆心，其余的参数为端点、角度或弦长。如果给定的角度为正值，将按逆时针绘制圆弧。如果为负，将按顺时针绘制圆弧。如果给出正的弦长，则绘制小于 180° 的圆弧，反之给出负的弦长，则绘制出大于 180° 的圆弧。

（3）起点、端点：首先定义圆弧的起点和端点，其余的参数为角度、半径、方向或圆心来绘制圆弧。如果提供角度，则正的角度按逆时针绘制圆弧，负的角度按顺时针绘制圆弧。如果选择半径选项，按照逆时针绘制圆弧，负的半径绘制大于 180° 的圆弧，正的半径绘制小于 180° 的圆弧。

（4）圆心、起点：首先输入圆弧的圆心和起点，其余的参数为角度、弦长或端点绘制圆弧。正的角度按逆时针绘制，而负的角度按顺时针绘制。正的弦长绘制小于 180° 的圆弧，负的弦长绘制大于 180° 的圆弧。

（5）连续：在开始绘制圆弧时如果不输入点，而是键入回车或空格，则采用连续的圆弧绘制方式。所谓的连续，指该圆弧的起点为上一个圆弧的终点或上一个直线的终点，同时所绘圆弧和已有的直线或圆弧相切。

　　技巧　（1）输入圆心角为正，圆弧按逆时针方向绘制，反之则按顺时针方向绘制。

（2）可以增大系统变量 VIEWRES 的值，该值越大，则圆弧越光滑。

（3）可以画出圆当难以直接绘制圆弧时可以打断或修剪圆成所需的圆弧。

　　注意　（1）获取圆心或其他某点时可以配合对象捕捉方式准确绘制圆弧。

（2）在菜单中点取圆弧的绘制方式是明确的，相应的提示不再给出可以选择的参数。而通过按钮或命令行输入绘制圆弧命令时，相应的提示会给出可能的多种参数。

（3）ARC 命令不能一次绘制封闭的圆或自身相交的圆弧。定位点相同，而定位顺序不同，绘制出的圆弧不一定相同。

图 4-13　绘制圆弧实例

　　实例　画一个如图 4-13 所示的圆弧，弧 DE 半径为 200，为半圆弧，半径为 100，∠BCD 为 150°，AB 长为 160，半径为 100。

【操作过程】

命令：arc

指定圆弧的起点或[圆心(C)]：C	
指定圆弧的圆心：	先选定 *DE* 弧的圆心
指定圆弧的起点：200	在水平向右的方向上输入 200，确定 *E* 点
指定圆弧的端点或[角度(A)/弦长(L)]：A	
指定包含角：180	给圆弧指定一个角度，确定 *D* 点
命令：ARC 指定圆弧的起点或[圆心(C)]：	重复"圆弧"命令，指定 *D* 点为圆弧起点
指定圆弧的第二个点或[圆心(C)/端点(E)]：c	给定一个圆心
指定圆弧的圆心：100	在水平向左的方向上输入 100，确定圆心 *C*
指定圆弧的端点或[角度(A)/弦长(L)]：A	
指定包含角：-150	给圆弧指定一个角度，确定 *B*
命令：_arc 指定圆弧的起点或[圆心(C)]	重复"圆弧"命令，确定 *B* 点为圆弧起点
指定圆弧的第二个点或[圆心(C)/端点(E)]C	
指定圆弧的圆心：100	在水平向左的方向上输入 100，确定圆心
指定圆弧的端点或[角度(A)/弦长(L)]：	给定弦 *AB* 的长度
指定弦长：	

八、绘制圆和圆环

1. 绘制圆

绘制圆有多种方法可供选择。系统默认的方法是指定圆心和半径。指定圆心和直径或用两点定义直径亦可以创建圆。还可以用三点定义圆的圆周来创建圆。可以创建与三个现有对象相切的圆，或指定半径创建与两个对象相切的圆。

命令　CIRCLE（C）

菜单　绘图→圆

工具栏

AutoCAD 共有六种绘制圆的方式，如图 4-14 所示。

命令及提示

命令: _circle
指定圆的圆心或[三点(3P)/两点(2P)/相切、相切、半径(T)]:

参数说明

图 4-14　绘制圆的方式

（1）圆心：指定圆的圆心。

（2）半径（R）：定义圆的半径大小。

（3）直径（D）：定义圆的直径大小。

（4）两点（2P）：指定两点作为圆的一条直径上的两点。

（5）三点（3P）：指定三点确定圆。

（6）相切、相切、半径（TTR）：指定与绘制的圆相切的两个元素，接着定义圆的半径。半径值绝对不能小于两元素间的最短距离。

（7）相切、相切、相切（TTT）：这种方式是三点定圆中的特殊情况。要指定和绘制的圆相切的三个元素。

绘制圆一般是先确定圆心，再确定半径或直径来绘制圆。也可以先绘制圆，再通过尺寸标注来绘制中心线，或通过圆心捕捉方式绘制中心线。

技巧　（1）作圆与直线相切时，圆可以与直线没有明显的切点，只要直线延长后与圆相切就行。

（2）指定圆心或其他某点时可以配合对象捕捉方式准确绘圆。

（3）圆的显示分辨率由系统变量 VIEWRES 控制，其值越大，显示的圆越光滑。但 VIEWRES 的值与出图无关。

注意　（1）在菜单中点取圆的绘制方式是明确的，相应的提示不再给出可以选择的参数。而通过按钮或命令行输入绘制圆的命令时，相应的提示会给出可能的多种参数。

（2）CIRCLE 绘制的圆是没有线宽的单线圆，有线宽的圆环可用 DONUT 命令。

（3）圆不能用 PEDIT、EXPLODE 编辑，它本身是一个整体。

实例　如图 4-15 所示，先用"圆心、半径"方式绘制一半径为 100 的圆 I，再画一条直线 AB，然后用"相切、相切、半径"方式绘

图 4-15　综合方法绘
制圆实例

制以半径为 80 的圆Ⅱ，再用"相切、相切、相切"方式绘制圆Ⅲ。

【操作过程】

命令：circle
指定圆的圆心或[三点(3P)/两点(2P)/相切、相切、半径(T)]：　　指定圆Ⅰ的圆心
指定圆的半径或[直径(D)]：100　　　　　　　　　　　　　　指定圆Ⅰ的半径
命令：l/line 指定第一点：　　　　　　　　　　　　　　　　　指定**A**点
指定下一点或[放弃(U)]：　　　　　　　　　　　　　　　　　指定**B**点
指定下一点或[放弃(U)]：　　　　　　　　　　　　　　　　　回车结束"直线"命令
命令：c/circle 指定圆的圆心或[三点(3P)
/两点(2P)/相切、相切、半径(T)]：T
　　　　　　　　　　　　　　　　　　　　　　　　　　　　　改变绘制圆的方式，进入"相切、
　　　　　　　　　　　　　　　　　　　　　　　　　　　　　相切、半径**(T)**"方式画圆。
指定对象与圆的第一个切点：　　　　　　　　　　　　　　　　在圆Ⅰ上捕捉一点
指定对象与圆的第二个切点：　　　　　　　　　　　　　　　　在直线上捕捉一点
指定圆的半径 <100.0000>：80　　　　　　　　　　　　　　　指定圆Ⅱ的半径
命令：_circle 指定圆的圆心或[三点(3P)/两点(2P)
/相切、相切、半径(T)]：3P
　　　　　　　　　　　　　　　　　　　　　　　　　　　　　改变绘制圆的方式，进入三点画
　　　　　　　　　　　　　　　　　　　　　　　　　　　　　圆方式。
指定圆上的第一个点：　　　　　　　　　　　　　　　　　　　在圆Ⅰ上捕捉一点
指定圆上的第二个点：　　　　　　　　　　　　　　　　　　　在圆Ⅱ上捕捉一点
指定圆上的第三个点：　　　　　　　　　　　　　　　　　　　在直线上捕捉一点

2．绘制圆环

圆环是一种可以填充的同心的圆，实际上它是有一定宽度的闭合多段线。其内径可以是 0，也可以和外径相等。

命令　DONUT（DO）

菜单　绘图→圆环

命令及提示

命令：donut
指定圆环的内径 <10.0000>：
指定圆环的外径 <20.0000>：
指定圆环的中心点或 <退出>：

参数说明

（1）内径：定义圆环的内圈直径。

（2）外径：定义圆环的外圈直径。

（3）中心点：指定圆环的圆心位置。

（4）退出：结束圆环绘制，否则可以连续绘制同样的圆环。

技巧　（1）圆环是由宽弧线段组成的闭合多段线构成的。可改变系统变量 FILL 的当前设置来决定圆环内的填充图案。

（2）要使圆环成为填充圆，可以指定圆环的内径为零。

实例　设置不同的内径绘制如图 4-16 所示的圆环，圆环外径均为 200。

【操作过程】

命令：_donut

r=R/2　　*R=r*　　*r=0*

图 4-16　绘制不同内径的圆环实例

指定圆环的内径 <10.0000>: 50	设置圆环的内径为 50
指定圆环的外径 <20.0000>: 100	设置圆环的外径为 100
指定圆环的中心点或 <退出>:	指定圆环的中心点
指定圆环的中心点或 <退出>:	
命令: donut	
指定圆环的内径 <50.0000>: 100	设置圆环的内径为 100
指定圆环的外径 <100.0000>:	不改变圆环的外径值
指定圆环的中心点或 <退出>:	指定圆环的中心点
指定圆环的中心点或 <退出>:	
命令: donut	
指定圆环的内径 <100.0000>: 0	设置圆环的内径为 0
指定圆环的外径 <100.0000>:	不改变圆环的外径值
指定圆环的中心点或 <退出>:	指定圆环的中心点

九、修订云线

命令 REVCLOUD（U）

菜单 绘图→修订云线

工具栏

修订云线
使用多段线创建修订云线

REVCLOUD
按 F1 键获得更多帮助

命令及提示

最小弧长：0.5000 最大弧长：0.5000
指定起点或[弧长(A)/对象(O)/样式(S)] <对象>：拖动以绘制修订云线、输入选项或按 Enter 键
沿云线路径引导十字光标...
当开始直线和结束直线相接时，命令行上显示以下信息：
云线完成
生成的对象是多段线。

参数说明

（1）弧长：指定云线中弧线的长度。最大弧长不能大于最小弧长的三倍。

（2）对象：指定要转换为云线的闭合对象。

反转方向[是（Y）/否（N）]：输入 Y 以反转云线中的弧
线方向，或按 ENTER 键保留弧线的原样。

（3）样式：指定修订云线的样式。

实例 绘制如图 4-17 所示的一条云线。

图 4-17 修订云线实例

【操作过程】

命令：revcloud✓
最小弧长：20 最大弧长：30
指定起点或[弧长(A)/对象(O)] <对象>：
沿云线路径引导十字光标...
修订云线完成。

注意 REVCLOUD 在系统注册表中存储上一次使用的圆弧长度。当程序和使用不同比例因子的图形一起使用时，用 DIMSCALE 乘以此值以保持统一。

十、绘制样条曲线

样条曲线即非均匀有理 B 样条曲线（NURBS），样条曲线使用拟合点或控制点进行定义。默认情况下，拟合点与样条曲线重合，而控制点定义控制框。

命令 SPLINE（SPL）

工具栏

菜单 绘图→样条曲线→拟合点或控制点

当使用控制顶点创建样条曲线时，指定的点显示它们之间的临时线，从而形成确定样条曲线形状的控制多边形。使用拟合点创建样条曲线时，生成的曲线通过指定的点，并受曲线中数学节点间距的影响。如图 4-18 所示，左侧的样条曲线将沿着控制多边形显示控制顶点，而右侧的样条曲线显示拟合点。

图 4-18   不同定义的样条曲线

十一、绘制椭圆和椭圆弧

1. 绘制椭圆

绘制椭圆比较简单，和绘制正多边形一样，系统自动计算各点数据。椭圆的形是由定义椭圆的长度和宽度的两个轴来确定的。较长的轴为长轴，较短的轴为短轴。

命令 ELLIPSE

菜单 绘制→椭圆

工具栏

命令及提示

命令：_ellipse
指定椭圆的轴端点或[圆弧(A)/中心点(C)]：
指定轴的另一个端点：
指定另一条半轴长度或[旋转(R)]：

参数说明

（1）端点：指定椭圆轴的端点。

（2）中心点：指定椭圆的中心点。

（3）半轴长度：指定半轴的长度。

（4）旋转（R）：指定一轴相对于另一轴的旋转角度。

技巧　（1）椭圆绘制好后，可以根据椭圆弧所包含的角度来确定椭圆弧。

（2）采用旋转方式画的椭圆，其形状最终由其长轴的旋转角度决定旋转角度的范围。

注意　（1）在 0°～89.4°之间，若旋转角度为 0°，将绘制圆；若角度为 45°，将成为一个从视角上看上去呈 45°的椭圆，旋转角度的最大值为 89.4°，大于此角度后，命令无效。

（2）"椭圆"命令绘制的椭圆是一个整体，不能用"分解"和"编辑多段线"等命令修改。

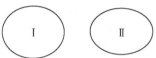

图 4-19　绘制椭圆实例

实例　绘制如图 4-19 所示的两个椭圆，椭圆Ⅰ的长轴为 200，短半轴为 80；椭圆Ⅱ的长轴为 200，短轴相对于长轴的旋转角度为 45°。

【操作过程】

命令：_ellipse

指定椭圆的轴端点或[圆弧(A)/中心点(C)]：　　　　　　**指定椭圆长轴的一个端点**

指定轴的另一个端点：200　　　　　　　　　　　　**指定椭圆长轴长，确定另一端点**

指定另一条半轴长度或[旋转(R)]：80　　　　　　　**指定椭圆的短半轴长**

命令：_ellipse

指定椭圆的轴端点或[圆弧(A)/中心点(C)]：　　　　　　**指定椭圆长轴的一个端点**

指定轴的另一个端点：200　　　　　　　　　　　　**指定椭圆长轴长，确定另一端点**

指定另一条半轴长度或[旋转(R)]：R　　　　　　　　**通过旋转确定短半轴长**

指定绕长轴旋转的角度：45　　　　　　　　　　　　**指定短半轴相对于长轴的旋转角度为 45°**

2．绘制椭圆弧

绘制椭圆弧时，除了输入必要的参数来确定母圆外，还需要输入椭圆弧的起始角度和终止角度。绘制椭圆弧是绘制椭圆中的一种特殊情况。

命令　ELLIPSE

菜单　绘制→椭圆→圆弧

工具栏

命令及提示

命令：_ellipse

指定椭圆的轴端点或[圆弧(A)/中心点(C)]：A

指定椭圆弧的轴端点或[中心点(C)]：

指定轴的另一个端点：

指定另一条半轴长度或[旋转(R)]：

指定起始角度或[参数(P)]：30

指定终止角度或[参数(P)/包含角度(I)]：270

参数说明

（1）指定起始角度或[参数（P）]：输入起始角度。从 X 轴负向按逆时针旋转为正。

（2）指定终止角度或[参数（P）/包含角度（I）]：输入终止角度或输入椭圆包含的角度。

实例　如图 4-20 所示，绘制一个起始角度为 30°，终止

图 4-20　绘制椭圆弧实例

角度为 270° 的椭圆弧。

【操作过程】

命令：_ellipse
指定椭圆的轴端点或[圆弧(A)/中心点(C)]：A
指定椭圆弧的轴端点或[中心点(C)]：　　　　　　指定椭圆长轴的一个端点
指定轴的另一个端点：　　　　　　　　　　　　　指定椭圆长轴的另一端点
指定另一条半轴长度或[旋转(R)]：　　　　　　　指定椭圆短半轴长
指定起始角度或[参数(P)]：30　　　　　　　　　指定起始角度为 30°
指定终止角度或[参数(P)/包含角度(I)]：270　　　指定终止角度为 270°

十二、绘制点

1. 设置点样式

图 4-21　"点样式"对话框

点可以用不同的样式在图纸上显示出来。系统 20 种不同的点样式供选择。

命令　DDPTYPE
菜单　格式→点样式(1)

启用点样式命令后，系统将弹出"点样式"对话框。如图 4-21 所示。

选项及说明

（1）点显示图像：指定用于显示点对象的图像。该点样式存储在 PDMODE 系统变量中。

（2）点大小：设置点的显示大小。可以相对于屏幕设置点的大小，也可以用绝对单位设置点的大小。系统将点的显示大小存储在 PDSIZE 系统变量中。

（3）相对于屏幕设置尺寸：按屏幕尺寸的百分比设置点的显示大小。当进行缩放时，点的显示大小并不改变。

（4）用绝对单位设置尺寸：按"点大小"下指定的实际单位设置点显示大小。当进行缩放时，系统显示的点的大小随之改变。

2. POINT 命令绘制点

命令　POINT（PO）
菜单　绘图→点
工具栏

命令及提示

命令：_point
当前点模式：PDMODE=0　PDSIZE=0.0000
指定点：
指定点的方法很多，常见的有如下四种。
（1）用鼠标指定，移动鼠标，在绘图区找到指定点并单击左键，即完成点的输入。
（2）绝对坐标，输入方式为：X,Y。输入 X 和 Y 的时间数值，中间用逗号分开，表示它们相对原点的距离。

（3）相对坐标，输入方式为：@ΔX，ΔY。@表示用相对坐标输入坐标值，ΔX 和 ΔY 的值表示该点相对前点的在 X 和 Y 方向上的增量。

（4）极坐标，输入方式为：@距离<方位角。表示从前一点出发，指定到下一点的距离和方位角（与 X 轴正向的夹角），@符号会自动设置前一点的坐标为（0,0）。

技巧 （1）捕捉点时，可设置"节点"和"最近点"捕捉模式。

（2）除了用"点"命令绘制点外，还可以由"定数等分点"和"定距等分点"命令来放置点。

（3）可以把修改点样式获取的点定义成块，必要时插入使用，这样既获得了特殊符号，还节省作图时间。

注意 改变系统变量 PDMODE 和 PDSIZE 的值后，只影响在这以后绘制的点，而已画好的点不会发生改变，只有在用 REGEN 命令或重新打开图形时才会改变。

实例 绘制如图 4-22 所示的点，点大小为 15%。

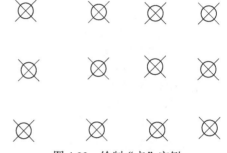

图 4-22　绘制"点"实例

【操作过程】

命令：ddptype

正在重生成模型。

命令：POINT
当前点模式：PDMODE=35　PDSIZE=-15.0000
指定点：
命令：

启用 **DDPTYPE** 命令，在如图 **4-22** 所示对话框中选择点样式，定义点的大小

启用 **POINT** 命令
显示当前点的状态
指定点的位置

这样每次只能绘制一个点，若选择"下拉菜单→点→多点"，则可以连续绘制多个点。

3. DIVIDE 命令绘等分点

DIVIDE 命令是在某一图形上以等分长度放置点和图块。被等分的对象可以是直线、圆、圆环、多段线等，等分数目可临时指定。

命令 DIVIDE（DIV）

菜单 绘图→点→定数等分（如图 4-23 所示）

命令及提示

命令：div/divide
选择要定数等分的对象：
输入线段数目或[块(B)]：B
输入要插入的块名：
是否对齐块和对象？[是(Y)/否(N)] <Y>：
输入线段数目：

图 4-23　"点"子菜单

参数说明

（1）对象：选择要定数等分的对象。

（2）线段数目：指定等分的数目。

（3）块（B）：给定段数将所选对象分段，并在分隔处放置给定的块。

（4）是否对齐块和对象？[是（Y）/否（N）]<Y>：是否将块和对象对齐。如果对齐，则将块沿选择的对象对齐，必要时会旋转块。如果不对齐，则直接在定数等分点上复制块。

图 4-24　等分样条曲线

技巧　DIVIDE 命令用以等分插入点时，点的形式可以预先定义，也可在插入点后再定义点的大小和形式。

注意　DIVIDE 命令生成的点的捕捉模式为节点。它生成的点标记并没有把对象断开，而只是起等分测量作用。

实例　等分如图 4-24 所示样条曲线，圆由块命令定义，半径为 10。

【操作过程】

命令：DIVIDE	
选择要定数等分的对象：	选择样条曲线
输入线段数目或[块(B)]：B	以插入块的方式等分
输入要插入的块名：yuan	指定要插入的块
是否对齐块和对象？[是(Y)/否(N)] <Y>：	默认对齐方式
输入线段数目：40	指定等分数目

4．MEASURE 命令绘等分点

如果要将某条直线、多段线、圆环等按照一定的距离等分，可以直接采用 MEASURE 命令在符合要求的位置上放置点。它与 DIVIDE 命令相比，后者是以给定数目等分所选对象，而前者则是以指定的距离在所选对象上插入点或块，直到余下部分不足一个间距为止。

命令　MEASURE（ME）

菜单　绘图→点→定距等分

命令及提示

命令：MEASURE
选择要定距等分的对象：
指定线段长度或[块(B)]：B
输入要插入的块名：
是否对齐块和对象？[是(Y)/否(N)] <Y>：
指定线段长度：

参数说明

（1）对象：选择要定距等分的对象。

（2）线段长度：指定等分的长度。

（3）块（B）：给定长度将所选对象分段，并在分隔处放置给定的块。

（4）是否对齐块和对象？[是（Y）/否（N)]<Y>：是否将块和对象对齐。如果对齐，则将块沿选择的对象对齐，必要时会旋转块。如果不对齐，则直接在定距等分点上复制块。

技巧　MEASURE 命令用于定距插点时，点的形式可以预先定义，也可在插入点后再定义点的大小和形式。

图 4-25　等分样条曲线

注意　MEASURE 命令并未将实体断开，而只是在相应位置上标注点或块。

实例　等分如图 4-25 所示样条曲线，圆由块命令定义，半径为 10。

【操作过程】

命令：MEASURE	
选择要定数等分的对象：	选择样条曲线

输入线段数目或[块(B)]：B　　　　　　　　　**以插入块的方式等分**
输入要插入的块名：yuan　　　　　　　　　　**指定要插入的块**
是否对齐块和对象？[是(Y)/否(N)] <Y>：　**默认对齐方式**
指定线段长度：20　　　　　　　　　　　　　**指定等分长度**

十三、绘制徒手线

即使是计算机绘图，同样可以创建一系列徒手绘制的线段。徒手绘制对于创建不规则边界或使用数字化仪追踪非常有用。在徒手绘制之前，指定对象类型（直线、多段线或样条曲线）、增量和公差。

命令　SKETCH
命令及提示

命令：SKETCH
类型=直线　增量=0.1000　公差=0.5000
指定草图或[类型(T)/增量(I)/公差(L)]：

参数说明

（1）指定草图：移动定点设备时，将会绘制指定长度的手画线段。

（2）类型（T）：指定手画线的对象类型，直线、多段线、样条曲线三种。

（3）增量（I）：定义每条手画直线段的长度。定点设备所移动的距离必须大于增量值，才能生成一条直线。

（4）公差（L）：对于样条曲线，指定样条曲线的曲线布满手画线草图的紧密程度。

图4-26　绘制徒手线

实例　绘制如图4-26所示的一组徒手线。
【操作过程】

命令：SKETCH　　　　　　　　　　　　　　　　回车
类型=直线　增量=0.1000　公差=0.5000
指定草图或[类型(T)/增量(I)/公差(L)]：T　　　**设置手画线的对象类型**
输入草图类型[直线(L)/多段线(P)/样条曲线(S)] <直线>：S　**选择样条曲线**
指定草图或[类型(T)/增量(I)/公差(L)]：　　　　回车
指定草图：　　　　　　　　　　　　　　　　　**按住鼠标左键绘制第一条，回车**
已记录1条样条曲线。
命令：　　　　　　　　　　　　　　　　　　　回车
命令：SKETCH 类型=样条曲线　增量=0.1000　公差=0.5000
指定草图或[类型(T)/增量(I)/公差(L)]：　　　　回车
指定草图：　　　　　　　　　　　　　　　　　**按住鼠标左键绘制第二条，回车**
已记录1条样条曲线。
命令：　　　　　　　　　　　　　　　　　　　回车
命令：SKETCH 类型=样条曲线　增量=0.1000　公差=0.5000
指定草图或[类型(T)/增量(I)/公差(L)]：　　　　回车
指定草图：　　　　　　　　　　　　　　　　　**按住鼠标左键绘制第三条，回车**
已记录1条样条曲线。

注意　如果在绘制徒手线时要使用捕捉或正交等模式，必须通过键盘上的功能键进行切换，不得使用状态栏进行切换。如果捕捉设置大于记录增量，捕捉设置将代替记录增量，反之，记录增量将取代捕捉设置。

十四、绘制螺旋线

此命令可以创建二维螺旋或三维弹簧。

命令 HELIX

菜单 绘图→螺旋

命令及提示

命令：helix
圈数=3.0000　　扭曲=CCW
指定底面的中心点：
指定底面半径或[直径(D)] <1.0000>：
指定顶面半径或[直径(D)] <1.0000>：
指定螺旋高度或[轴端点(A)/圈数(T)/圈高(H)/扭曲(W)] <1.0000>：

参数说明

（1）指定底面半径或[直径(D)] <1.0000>：指定螺旋底面的直径，最初，默认底面直径设定为1。执行绘图任务时，底面直径的默认值始终是先前输入的底面直径值。

（2）指定顶面半径或[直径(D)] <1.0000>：指定螺旋顶面的直径。指定直径或按Enter键指定默认值，顶面直径的默认值始终是底面直径的值。

（3）轴端点（A）：指定螺旋轴的端点位置。轴端点可以位于三维空间的任意位置。轴端点定义了螺旋的长度和方向。

（4）圈数（T）：指定螺旋的圈（旋转）数。螺旋的圈数不能超过500。最初，圈数的默认值为3。执行绘图任务时，圈数的默认值始终是先前输入的圈数值。

（5）圈高（H）：指定螺旋内一个完整圈的高度。当指定圈高值时，螺旋中的圈数将相应地自动更新。如果已指定螺旋的圈数，则不能输入圈高的值。

（6）扭曲（W）：指定以顺时针（CW）方向还是逆时针方向（CCW）绘制螺旋。螺旋扭曲的默认值是逆时针。

实例 绘制如图4-27所示的一组螺旋线，底面半径为10，顶面半径为5，螺旋高度为10，圈数为5。

图4-27　绘制螺旋线

【操作过程】

命令：helix
圈数=3.0000　　扭曲=CCW
指定底面的中心点：　　　　　　　　　　　　　　在屏幕上指定
指定底面半径或[直径(D)] <1.0000>：10　　　　输入10回车结束
指定顶面半径或[直径(D)] <10>：5　　　　　　　输入5回车结束
指定螺旋高度或[轴端点(A)/圈数(T)/圈高(H)/扭曲(W)] <1.0000>：T　　选择圈数
输入圈数 <3.0000>：5　　　　　　　　　　　　输入5圈
指定螺旋高度或[轴端点(A)/圈数(T)/圈高(H)/扭曲(W)] <1.0000>：H　　选择高度
指定圈间距 <2.0000>：5　　　　　　　　　　　输入圈间距5

第二节　将尺寸转换为坐标值

利用AutoCAD绘图，要根据坐标值确定点的位置。但在绘制工程图时已知的是尺寸，这就要求用户首先要将尺寸转换为点的坐标值。

一、建立用户坐标系转换尺寸

如图 4-28 所示的图样，如果我们能够使该图中的中心线 X 和 Y 成为坐标系的 X 轴和 Y 轴，图中的尺寸就可以直接转换为坐标值。AutoCAD 中世界坐标系（WCS）的坐标原点是固定的，用户不能改变。但 AutoCAD 允许用户建立自己的坐标系（UCS），允许用户将 UCS 的坐标原点放于任何位置，坐标轴可以倾斜任意角度。

图 4-28　尺寸分析

1. 建立正交坐标系转换尺寸

这里所说的正交坐标系，是指 X、Y 坐标轴分别处于水平、垂直方向的用户坐标系。建立这种用户坐标系的方法非常简单，操作过程是键入命令"UCS"，系统提示：

当前 UCS 名称：*世界*

输入选项[新建(N)/移动(M)/正交(G)/上一个(P)/恢复(R)/保存(S)/删除(D)/应用(A)/?/世界(W)] <世界>：

提示第一行说明当前坐标系是世界坐标系，第二行是用户可以选择执行的命令选项。此命令提供的可选项很多，在此键入"N"，执行新建选项建立新坐标系。系统又会提示：

指定新 UCS 的原点或[Z 轴(ZA)/三点(3)/对象(OB)/面(F)/视图(V)/X/Y/Z] <0,0,0>：

用户只要输入要建坐标系的原点就建立了一个新坐标系。

只要我们将新建立的用户坐标系的 X、Y 轴放在尺寸基准上，尺寸的起点和与坐标值的起点相同，尺寸值就是坐标值。

实例　新建正交用户坐标系，如图 4-29 所示。

【操作过程】

命令：ucs　　　　　　　　　　回车

当前 UCS 名称：*世界*

指定 UCS 的原点或[面(F)/命名(NA)/对象(OB)/上一个(P)/视图(V)/世界(W)/X/Y/Z/Z 轴(ZA)]<世界>：

　　　　　　　　　　　　　　点取交点作为新坐标系的原点

指定 X 轴上的点或 <接受>：　　**点取水平线段上的右边点作为 X 轴方向**

指定 XY 平面上的点或 <接受>：　**点取竖直线段上的上边点作为 Y 轴方向**

2. 建立倾斜用户坐标系

建立倾斜用户坐标系的方法是执行"ucs"命令后，选择"三点"选项，这三点分别是原点、X 轴上一点和在 X、Y 平面内 X、Y 坐标都大于 0 的任一点。

实例　新建倾斜用户坐标系，如图 4-30 所示。

图 4-29　新建正交用户坐标系示例

图 4-30　新建倾斜用户坐标系示例

【操作过程】

命令：ucs　　　　　　　　　　回车

当前 UCS 名称：*没有名称*

指定 UCS 的原点或 [面 (F) /命名 (NA) /对象 (OB) /上一个 (P) /视图 (V) /世界 (W) /X/Y/Z/Z 轴 (ZA)] <世界>：

指定 X 轴上的点或 <接受>：　　　　　　　　　点取交点作为新坐标系的原点
指定 XY 平面上的点或 <接受>：　　　　　　　点作为 X 轴方向上的点
　　　　　　　　　　　　　　　　　　　　　　　回车

二、用广义相对坐标转换尺寸

相对坐标值比较接近于图中标注的尺寸。但相对坐标值是要输入点与上一输入点之间的

图 4-31 坐标差的两种情况

坐标差，这一"要输入点与上一输入点"的限制，使得利用相对坐标画图具有很大的局限性。

AutoCAD 提供了两种用"广义相对坐标"输入点的方法：FROM 捕捉、临时追踪点捕捉。我们之所以称这两种捕捉方式是用"广义相对坐标"输入点的方法，就是因为运行这两种捕捉方式时，AutoCAD 要求用户临时给定一点作为基准点，然后输入"要输入点"与此点的坐标差。

坐标差又分为两种情况，如图 4-31 所示。

两点的 X、Y 坐标差都不为零，如图中的 A、C 两点，对这种情况用 FROM 捕捉。

两点的 X、Y 坐标差有一个为零，如图中的 A 点和 B 点，B 点和 C 点，对这种情况用临时追踪点捕捉。

(a)　　　　　　　　(b)

图 4-32 相对坐标作图分析

1. 利用临时追踪点捕捉作图

如图 4-32 所示，图（b）所示 A 点与 1 点、A 点与 2 点之间的 Y 坐标差为 45，X 坐标差为 0。对这种情况用临时追踪点捕捉更为方便。

例如利用临时追踪点捕捉方法将图 4-32（a）画为图 4-32（b）。

① 将虚线层设置为当前层。

② 执行画直线命令。

③ 用临时追踪点捕捉方式捕捉点 1。单击临时追踪点捕捉按钮。

图 4-33 追踪轨迹图

将光标从 A 点下移一小段距离，系统显示过 A 点的追踪轨迹如图 4-33 所示。此时输入 45 即可确定 1 点，并将 1 点默认为直线的起点。

追踪轨迹是一条很暗的过临时追踪点 A 的虚点线，同时还显示光标中心与基准点沿轨迹线的坐标差。

显示轨迹线以后，用户输入一个数值就确定了要

输入点的位置。

2. 利用 FROM 捕捉作图

FROM 捕捉是一种名副其实的输入广义相对坐标作图的方法。所谓 FROM 捕捉，是当执行某一绘图命令需要输入一点时，调用 FROM 捕捉，由用户给定一点作为计算相对坐标的基准点，然后再输入"要输入点"与基准点之间的相对坐标差，即广义相对坐标值，来确定输入点。

FROM 捕捉与临时追踪点捕捉的区别有 3 点。

① FROM 捕捉适合于基准点与要输入点之间 X、Y 坐标差都不为 0 的情况。而临时追踪点捕捉适合于基准点与要输入点之间 X、Y 坐标差有一个为 0 的情况。

② 调用 FROM 捕捉以后，要通过输入广义相对坐标值，来定位要输入点。调用临时追踪以后，要通过输入一个距离值，来确定要输入点。

③ FROM 捕捉具有临时追踪点捕捉的功能。

绘制图中的矩形时，就可以调用 FROM 捕捉，捕捉 A 点为基准点，再输入 B 点与 A 点的相对坐标值，如图 4-34 所示。

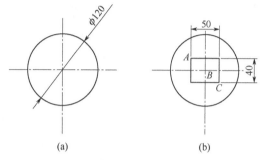

图 4-34　FROM 捕捉例图

三、延长捕捉

延长捕捉是 AutoCAD 提供给用户的一种避开坐标值输入，通过输入长度进行作图的方法，它可以使用户将已经画好的直线段、圆弧等图元延长一定的长度。

例如，在画中心线时，直接输入中心线的端点坐标值要通过转换计算才能求出各端点的坐标值。有了延长捕捉，我们就可以先用中点捕捉画到轮廓线，然后再用延长捕捉将中心线延长 2～5mm，如图 4-35 所示。

(a)　　　　　　(b)　　　　　　(c)

图 4-35　延长捕捉例图

四、平行捕捉

平行捕捉是 AutoCAD 提供给用户又一种避开坐标值输入，通过输入长度进行作图的方法，用户可以通过输入长度画一条与已经画出的直线平行的直线。

例如在画如图 4-36 所示的线段 CD 时，如果直接输入 C 点坐标值，要通过复杂的转换计算，才能求出 C 点的坐标值。有了平行捕捉，我们就可以直接输入长度画 CD 直线。

图 4-36　平行捕捉例图

五、极角追踪

极角追踪是 AutoCAD 提供给用户的又一种避开坐标值输入，通过输入长度进行作图的一种方法。

所谓极角追踪，是执行某一绘图命令需要输入一点值，调用极角追踪，AutoCAD 可以根据用户事先设置的角度间隔，将要输入的点定位在某一极角上，用户只需输入相对极半径就确定了点的位置。

1. 设置追踪角度间隔

（1）执行菜单命令"工具/草图设置"，显示"草图设置"对话框，单击"极轴追踪"选项卡使其显示在最前面，如图 4-37 所示。

图 4-37 "草图设置"对话框

（2）从"增量角"下拉表中捕捉选择角度增量。角度增量可以选择也可以自己输入。

（3）单击确定完成设置。

2. 启动/关闭极角追踪

启动关闭极角追踪可以用如下三种方法。

① 单击屏幕下方状态栏上的极轴按钮，即启动了极轴追踪。再单击就关闭了极轴追踪，这是最常用的一种方法。

② 按<F10>键在启动与关闭之间切换。

③ 启动极轴追踪的另一种方法是，在上述极轴追踪的选项卡中，单击极轴追踪选中此项。

第五章　图块与图案填充

第一节　图块的创建与插入

块是由多个元素组成的一个整体。在绘制图形过程中，使用块可以大量简化绘图中重复的工作，提高工作效率。

一、图块的创建

在使用块之前必须先创建块。块的创建有两种方法，这两种方法创建块的区别主要在于用 BLOCK 创建块是保存在图形中，而用 WBLOCK 写块则是保存在硬盘中。也就是说，前者其他图形无法引用，而只能在创建图形中引用；后者则不然，既然存在硬盘中，所以其他图形可以引用。

1. 用 BLOCK 创建块

命令　BLOCK

快捷键　B

菜单　绘图→块→创建

工具栏　

块的创建首先要画出一个想创建的图形来，然后再执行块的命令，执行块命令后会弹出如图 5-1 所示的对话框。

图 5-1　"块定义"对话框

下面详细地介绍一下各项的含义。

（1）名称：给块先起一个名字，便于以后使用的过程中清晰的识别出来。

块名称及块定义保存在当前图形中。

（2）基点：定义块的基点，默认值是（0,0,0）。改基点在插入块时作为插入的基准点。所以在选择时一定要注意，选择一个便于插入的点。按"$\boxed{\text{拾取点 (K)}}$"按钮，就可以拾取到基点的坐标了。

（3）对象：指定新块中要包含的对象，以及创建块之后如何处理这些对象，是保留还是删除选定的对象或者是将它们转换成块实例。

$\boxed{\text{选择对象 (T)}}$：点击后返回绘图屏幕，要求用户选择屏幕上的图形作为块中包含的对象。

$\boxed{}$：点击后会弹出"快速选择"对话框。用户可以通过快速选择对话框来设定块中包含的对象。

保留：保留选择的对象不变，即不变成块。

转换为块：在选择了组成块的对象后，将被选择的对象转换成块。该项为缺省设置。

删除：在选择了组成块的对象后，将被选择的对象删除。但所作块依然存在。

（4）方式：指定块的行为。

（5）设置：指定块的设置，如超链接等。

（6）说明：对创建的块进行简要的说明。

（7）在块编辑器中打开：单击"确定"后，在块编辑器中打开当前的块定义。

2. 用 WBLOCK 写块

命令 WBLOCK

图 5-2　"写块"对话框

● "文件名"和"插入单位"同前。

图 5-3　371800 窗块

快捷键 W

在执行写块的命令后，会弹出如图 5-2 所示的对话框。

下面详细地介绍一下各项的含义。

（1）源

● 块：选择该项后，点击右侧的下拉列表可以选择已经定义好的块来将其写入硬盘。

● 整个图形：无需选择对象，会将整个图形作为块的形式写入硬盘。

● 对象：其含义同前所述。

（2）目标

● 文件名和路径：选择你要将该图形保存在什么位置。缺省设置是在安装 AutoCAD 的目录下。最好是更改，以便以后在使用过程中方便。

实例 用上述两种方法创建一个如图 5-3 所示的 37 墙上的 1800 窗的块。

首先用 b 做块，具体操作步骤如下：

（1）先做出 1800 窗的图形，比例为 1：1，便于以后插入时使用。

（2）在命令提示行下输入"b"，回车。弹出如图 5-1 所示对话框。

（3）在名称中写入"371800"。

（4）点击"拾取点"，选择窗的左下角点为基点。

（5）点击"选择对象"，框选作出的窗的图形。

（6）在"说明"中写入说明。

（7）点击"确定"按钮，即可。结果如图5-4所示。

然后用 w 做，块具体操作步骤如下。

（1）先作出 1800 窗的图形，比例为 1∶1，便于以后插入时使用。

（2）在命令提示行下输入"w"，回车。弹出如图5-2所示对话框。

（3）点击"拾取点"，选择窗的左下角点为基点。

（4）点击"选择对象"，框选作出的窗的图形。

（5）在"文件名和路径"处右侧下拉列表中选择一个要存储的位置，并输入文件名371800。

（6）点击"确定"按钮，即可。结果如图5-5所示。

图 5-4　"块定义"对话框

图 5-5　"写块"对话框

这样就做好了一个存储在硬盘上的窗的块。在以后作图过程中你就会发现，存储在硬盘上经常使用的块在作图过程中非常方便。建议将常用的块用 w 方式做块。

二、图块的插入

创建块的目的就是为了引用。下面介绍如何将已经做好的块用到图形中。

命令　INSERT

快捷键　I

菜单　插入→块

工具栏

执行块插入命令后，弹出如图5-6所示对话框。

该对话框中各项含义如下。

（1）名称：下拉列表，选择插入块名，和点击"浏览"在存储位置中选择已经存储的块名。最右边是块的预览。

图 5-6 "块"插入对话框

（2）在屏幕上指定：选择该项后，则在屏幕上指定一点作为插入点。

（3）缩放比例：*X*，*Y*，*Z* 三个坐标方向可以单独指定比例，也可以指定为统一比例。

（4）旋转：可以在屏幕上指定，也可以直接输入角度。详细操作方法见下面的实例。

（5）分解：将块插入后分解为一般元素。

实例 将前面做好的 1800 的窗插入到如图 5-7 所示的窗洞中。

图 5-7 墙中开窗洞示意图

下面就插入 3 个不同的窗来完成本实例，具体操作步骤如下：

（1）绘制出如图 5-7 所示的图形，墙为 37 墙。

（2）在命令提示行中输入"I"，回车，弹出如图 5-6 所示对话框。

（3）单击"浏览"，在保存的路径下找到名称为"371800"的块。

（4）点击"打开"后返回。

（5）点击"确定"后，在"1800"的窗洞处点击左下角点，作为插入点（捕捉要打开）。

这样就插入了一个 1800 的窗，如图 5-8 所示。

接下来插入一个"1500"的窗。

（1）回车重复插入命令。

（2）在比例中 *X* 处输入"15/18"，如图 5-9 所示，其他选项不变。

图 5-8　插入一个"1800 窗"

图 5-9　更改图块 X 比例

（3）单击确定，然后返回到绘图界面，单击 1500 窗洞的左下角点插入窗。这时 X 方向比例就更改了，也就是变成了 1500 的窗了，结果如图 5-10 所示。

图 5-10　插入 1500 窗图示

接下来插入一个竖向的 1500 的窗，完成本练习。

（1）回车重复插入命令。

（2）在"旋转"处输入"90"，表示插入的块绕插入点逆时针旋转 90° 后插入，如图 5-11 所示。

图 5-11　输入角度

（3）单击"确定"，返回绘图状态，捕捉到 1500 竖向窗的右下角点，单击即可插入窗，结果如图 5-12 所示。

图 5-12　插入 1500 竖向窗示意图

这样，就完成了 3 个不同的窗的插入。

注意　块是一个整体，块可以分解（炸开）。在插入过程中选择了"分解"，即将如图 5-11 所示插入对话框左下角分解前面的方框勾选（ ☑分解(D) ）即可。

第二节　图块的属性与编辑

一、定义图块的属性

命令　ATTDEF

　　　　DDATTDEF

菜单　绘图→块→定义属性

执行该命令后弹出属性定义对话框，定义属性模式、属性标记、属性提示、属性值、插入点和属性的文字设置，如图 5-13 所示。

各项含义如下。

（1）模式：通过复选框设定属性的模式。

（2）属性：在这里设置属性。

图 5-13　"属性定义"对话框

（3）插入点：设置属性的插入点。

（4）文字设置：设定属性文字的对正、样式、高度和旋转。

实例　插入带有属性的定位轴线符号。

【操作步骤】

（1）绘制定位轴线符号：绘制一个直径为 800 的圆。

（2）执行块属性命令：弹出"属性定义"对话框，输入如图 5-14 所示内容。

图 5-14　"属性定义"对话框

　　（3）确定插入点：点击"确定"按钮后，在屏幕上确定插入属性"A"的位置，如图 5-15 所示。

　　（4）以"WBLOCK"写块，将图形和它的属性标记建立外部块，如图 5-16 所示。

　　（5）单击"拾取点"前面的 按钮，确定插入点的位置，如图 5-17 所示。

图 5-15　定位轴线
定义类别属性

　　注意　在选择基准点时，点取"拾取点"按钮后，为了插入块的方便，在拾取时有一点技巧。当定位轴线在左侧插入时，请在选择时选择右象限点；当定位轴线在右侧插入时，请在选择时选择左象限点；当定位轴线在上侧插入时，请在选择时选择下象限点；当定位轴线在下侧插入时，请在选择时选择上象限点。这里配合定位轴线使用，作出四个方位插入的块，使用起来非常方便。

图 5-16 将带有属性的定位轴线作成外部块

（6）确定完插入点后，再返回到图 5-16 的写块对话框，点取"选取对象"前面的 按钮，系统回到屏幕图形状态，将图形和属性全部选中，如图 5-18 所示。此时系统又重新回到图 5-16 的写块对话框，点击"确定"按钮，即完成带属性的块的定义。

图 5-17 确定"象限点"为块的插入点　　　图 5-18 属性和图形一起选中

（7）插入定位轴线符号：点击下拉菜单"插入"→"块"，弹出如图 5-19 所示对话框。单击 浏览(B)... ，找到刚才定义的块，如图 5-20 所示。单击 打开(O) ，屏幕出现有已定义块名称和预览的"插入"对话框，如图 5-21 所示。

图 5-19 "插入"对话框

图 5-20　"选择图形文件"对话框

图 5-21　有名称和预览的"插入"对话框

　　单击 确定 按钮，屏幕出现带有插入点的块，如图 5-22 所示。点击鼠标左键确定插入点后，命令栏中出现"输入属性值"提示，如图 5-23 所示，比如想将默认的"A"改为"C"，就用键盘输入"C"，屏幕上的块就变成如图 5-24 所示。

图 5-22　带有插入点的块

```
命令: _insert
指定插入点或 [基点(B)/比例(S)/X/Y/Z/旋转(R)]:
输入属性值
A <A>: C
```

图 5-23　命令栏"输入属性值"提示

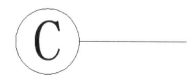

图 5-24　改变属性的块

定义带有属性的块时一定要注意：先定义属性，然后再定义块！

二、编辑块的属性

命令   eattedit

弹出"增强属性编辑器"，如图 5-25 所示。

（1）"属性"选项卡：显示指定给每个属性的标记、提示和值，此对话框只能更改属性值。

（2）"文字选项"选项卡，设定用于定义图形中属性文字的显示方式的特性，在"特性"选项卡上更改属性文字的颜色，如图 5-26 所示。

图 5-25   "增强属性编辑器"对话框   图 5-26   "文字选项"选项卡

（3）"特性"选项卡：定义属性所在的图层以及属性文字的线宽、线型和颜色。如果图形使用打印样式，可以使用"特性"选项卡为属性指定打印样式，如图 5-27 所示。

图 5-27   "特性"选项卡

第三节   图案填充的创建

在各类工程图样中，通常需要用不同的图例符号在剖面图、剖视图、断面图或某一区域上表示不同的内容。AutoCAD 提供了实现图例符号一次完成的方法和定义，即图案填充、图案填充编辑的操作。

一、图案填充

命令   BHATCH

菜单   绘图→图案填充

工具栏

执行 BHATCH 命令后，系统将弹出对话框，"图案填充"选项卡用来定义要应用的填充图案的外观。默认状态下此对话框是折叠的，点击右下角的 ⊙ 按钮，对话框全部展开，如图5-28所示。点击 ⊙，又会重新折叠。

图 5-28　图案填充对话框——图案填充选项

1．类型和图案：指定图案填充的类型、图案、颜色和背景色。

（1）类型：即图案填充的类型。包含了"预定义"、"用户定义"和"自定义"三种。

（2）图案：在下拉列表框显示了目前图案的名称。显示选择的 ANSI、ISO 和其他行业标准填充图案。选择"实体"可创建实体填充。只有将"类型"设定为"预定义"，"图案"选项才可用。

点取图案右侧的按钮，系统将弹出"填充图案选项板"对话框，如图5-29所示。在该对话框中，可以预览所有预定义图案的图像。

（3）颜色：使用填充图案和实体填充的指定颜色替代当前颜色。

（4）背景色：为新图案填充对象指定背景色。选择"无"可关闭背景色。

（5）样例：显示选定图案的预览图像。单击样例可显示"填充图案选项板"对话框。

（6）自定义图案：列出可用的自定义图案。最近使用的自定义图案将出现在列表顶部。只有将"类型"设定为"自定义"，"自定义图案"选项才可用。单击按钮，显示"填充图案选项板"对话框，在该对话框中可以预览所有自定义图案的图像。

图 5-29　填充图案选项板

2．角度和比例：指定选定填充图案的角度和比例。

3．图案填充原点：控制填充图案生成的起始位置。某些图案填充（例如砖块图案）需要与图案填充边界上的一点对齐。默认情况下，所有图案填充原点都对应于当前的 UCS 原点。

4．"边界"面板：定义图案填充和填充的边界、图案、填充特性和其他参数。

（1）拾取点：根据围绕指定点构成封闭区域的现有对象来确定边界，如图 5-30 所示。指定内部点时，可以随时在绘图区域中单击鼠标右键以显示包含多个选项的快捷菜单。

图 5-30　"拾取点"选择边界

（2）选择对象：根据构成封闭区域的选定对象确定边界，如图 5-31 所示。使用"选定对象"选项时，HATCH 不自动检测内部对象。必须选择选定边界内的对象，以按照当前孤岛检测样式填充这些对象。

图 5-31　"选择对象"选择边界

每次单击"选定对象"时，HATCH 将清除上一选择集，如图 5-32 所示。选择对象时，可以随时在绘图区域单击鼠标右键以显示快捷菜单。可以利用此快捷菜单放弃最后一个或所有选定对象、更改选择方式、更改孤岛检测样式或预览图案填充。

图 5-32　"清除上一选择集"选择边界

（3）删除边界：从边界定义中删除之前添加的任何对象。

（4）重新创建边界：围绕选定的图案填充或填充对象创建多段线或面域，并使其与图案填充对象相关联（可选）。

（5）查看选择集：在用户定义了边界后，可以通过该按钮来查看选择集。

5．选项：控制几个常用的图案填充或填充选项。

6．继承特性：使用选定图案填充对象的图案填充或填充特性对指定的边界进行图案填充或填充。

7. 孤岛：位于图案填充边界内的封闭区域称为孤岛。

8. 边界保留：有选与不选两个选项。

9. 边界集：指定对象的有限集称为边界集，以便通过创建图案填充时的拾取点进行计算。

10. 允许的间隙：设定将对象用作图案填充边界时可以忽略的最大间隙。默认值为 0，此值指定对象必须为封闭区域而没有间隙。

11. 继承选项：有两个项目。

（1）使用当前原点：使用选定图案填充对象（除图案填充原点外）设定图案填充的特性。

（2）用源图案填充原点：使用选定图案填充对象（包括图案填充原点）设定图案填充的特性。

二、渐变色填充

命令 GRADIENT

菜单 绘图→渐变色

工具栏

渐变色...
使用渐变填充对封闭区域或选定对象进行填充

GRADIENT
按 F1 键获得更多帮助

执行 GRADIENT 命令后，系统将弹出对话框。"渐变色"选项卡用来定义要应用的渐变填充的外观。默认状态下此对话框也是折叠的，点击右下角的 ⊙ 按钮，对话框全部展开，如图 5-33 所示。点击 ⊙，又会重新折叠。

图 5-33　图案填充对话框——渐变色选项

1．颜色：指定是使用单色还是使用双色混合色填充图案填充边界。

2．方向：指定渐变色的角度以及其是否对称。

实例 将图 5-34（a）所示图形填充上图案名为 HONEY 的图案，结果如图 5-34（b）所示。

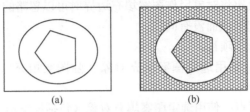

(a)   (b)

图 5-34 图案填充示例

【操作过程】

命令：_bhatch

在弹出的边界图案填充对话框中点击样例按钮，在"其他预定义"选项卡中选择名为 HONEY 的图案，如图 5-35 所示。

点击拾取点按钮，在屏幕上五边形内任意点击一点，返回对话框，确定后完成填充。重复此操作，在椭圆和矩形之间任意点击一点，确定后即得如图 5-34（b）所示图形。

图 5-35 选择 HONEY

技巧 （1）填充时图案应该为整体，如果用分解命令将其分解，将会增加图形文件的字节数，因此最好不要分解填充图样。

（2）填充图案时，图形的边界必须是封闭的，因此填充前最好用 BOUNDARY 命令生成填充边界。

（3）有时因为填充的区域比较大，系统计算时非常慢且容易出错。对于大面积图案填充时，可先用直线将其划分为几个小块，然后逐一填充。

第四节　图案填充的编辑

命令 HATCHEDIT

菜单 修改→对象→图案填充

工具栏　

```
编辑图案填充
修改现有的图案填充对象

📖 HATCHEDIT
按 F1 键获得更多帮助
```

执行 HATCHEDIT 命令后会要求选择要编辑修改的填充图案,选择完毕后会弹出图案填充编辑对话框,如图 5-36 所示。

与"边界图案填充"对话框基本相同,只是其中有一些选项按钮被禁止使用,其他项目均可以更改设置,结果反映在选择的填充图案上。

图 5-36　　图案填充编辑对话框

对关联和不关联的图案的编辑,其中的一些参数如图案类型、比例、角度等的修改基本一致,如果修改影响到边界,其结果不相同。

图 5-37 表示了用夹点编辑具有关联性的图案填充。操作过程是用夹点把圆的半径放大。

图 5-37　利用夹点编辑具有关联性的图案填充

第六章　基本编辑知识

在绘制工程图时，编辑图形是不可或缺的过程。本章要学习的编辑命令，不仅有较高的智能性，还有高速的绘图效率。通过编辑功能中的复制、偏移、阵列、镜像等命令可以快速完成相同或相近的图形。配合适当的技巧，可以进一步体会到计算机绘图的优势，快速完成图形绘制。

第一节　构建对象选择集

在进行每一次编辑操作时，都需要选择被操作的对象，也就是要明确对哪个或哪些对象进行编辑，这时需要构建选择集。使用 AutoCAD 的编辑命令时，首先要选择命令然后再选择单个或多个想编辑的对象或实体（也可以先选择对象或实体，再使用相应的命令），这样才能完成对所选对象或实体的编辑。

一、逐个地选择对象

在选择对象时，矩形拾取框光标放在要选择对象的位置时，选取的对象会以亮度方式显示，单击即可选择对象，如图 6-1 所示。

图 6-1　点选方式

拾取框的大小由"选项"对话框"选择集"选项卡中控制。用户可以选择一个对象，也可以逐个选择多个对象。

选择彼此接近或重叠的对象通常是很困难的，如图 6-2 所示的样例显示了拾取框中的两条直线和一个圆。

第一个选定的对象　　　　第二个选定的对象　　　　第三个选定的对象

图 6-2　选择彼此接近的对象

如果打开选择集预览，通过将对象滚动到顶端使其亮显，然后按住 Shift 键并连续按空格键，可以在这些对象之间循环。所需对象亮显后，单击鼠标左键以选择该对象。

如果关闭选择集预览，按住 Shift+空格键并单击以逐个在这些对象之间循环，直到选定所需对象。按 Esc 键关闭循环，按住 Shift 键并再次选择对象，可以将其从当前选择集中删除。

二、窗口方式

在指定两个角点的矩形范围内选取对象，如图 6-3 所示。指定对角点来定义矩形区域，区域背景的颜色将更改，变成透明的。从第一点向对角点拖动光标的方向将确定选择的对象。

1. 窗口选择：从左向右拖动光标，以选择完全位于矩形区域中的对象，如图 6-3（a）所示。

2. 窗交选择：从右向左拖动光标，以选择矩形窗口包围的或相交的对象，如图 6-3（b）所示。

图 6-3　窗口方式

使用"窗口选择"选择对象时，通常整个对象都要包含在矩形选择区域中。然而，如果含有非连续（虚线）线型的对象在视口中仅部分可见，并且此线型的所有可见矢量封闭在选择窗口内，则选定整个对象。

三、编组方式

利用此功能可事先将若干对象编成组，这样可以在绘制同一图形的任意时刻编辑该组对象，并且编组将随图形一起保存。在图形作为块或外部参考而插入到其他图形中后，编组仍然有效，但要使用该编组对象，必须将插入的图形分解。

实例　将图 6-4（a）中的两个矩形编成"组一"，将圆和椭圆编成"组二"，然后删除两个矩形的编组。

图 6-4　编组及操作

【操作步骤】

命令：g	弹出对象编组对话框，在编组名后输入"组一"，点取新建
选择要编组的对象：	返回编辑屏幕，选取要编组的对象
选择对象：	点取矩形 A
选择对象：	点取矩形 B
选择对象：	回车，返回对象编组对话框，再次重复编组"组二"
选择要编组的对象：	返回编辑屏幕，选取要编组的对象
选择对象：	点取圆 A
选择对象：	点取圆 B
选择对象：	回车，返回对象编组对话框，按回车退出编组对话框
命令：E	
选择对象：G	

输入编组名：	输入"组一"
选择对象：	回车结束命令

结果如图 6-4（b）所示。

另外，如果在"选择对象"提示下，直接选择某一组中的一个对象，该组中的全部对象则被选中，此时的编组为打开。若想关闭编组，可用"Ctrl+A"切换。

四、圈围方式

即不规则窗口方式。指定点来定义不规则形状区域，使用窗口多边形选择来选择完全封闭在选择区域中的对象。在"选择对象"提示下键入 WP 后回车，可构造任意不规则多边形，该多边形可以为任意形状，但不能与自身相交或相切，多边形在任何时候都是闭合的。包含在内的对象均被选中。如图 6-5 所示。

图 6-5　不规则窗口方式选择对象

五、圈交方式

即不规则交叉窗口方式使用交叉多边形选择可以选择完全包含于或经过选择区域的对象。在"选择对象"提示下键入 CP 后回车，可构造任意不规则多边形，在此多边形内的对象以及与它相交的对象均被选中，如图 6-6 所示。

图 6-6　不规则交叉窗口方式选择对象

六、全选方式

在"选择对象"提示下键入 ALL 后回车，选择模型空间或当前布局中除冻结图层或锁定图层上的对象之外的所有对象。

七、前一方式

在"选择对象"提示下键入 P 后回车，则将执行当前编辑命令以前最近一次创建的可见对象。对象必须在当前空间（模型空间或图纸空间）中，并且一定不要将对象的图层设定为冻结或关闭状态。

八、最后方式

在"选择对象"提示下键入 L 后回车，选中图形窗口内最后一个创建的对象。

九、栏选方式

也叫围线方式，在"选择对象"提示下键入 F 后回车，可构造一个开放的多点围线，与围线相交的对象均被选择，如图 6-7 所示。栏选方法与圈交方法相似，只是栏选不闭合，并且栏选可以自交。

图 6-7　围线方式选择对象

十、删（扣）除方式

在"选择对象"提示下键入 R 后回车，我们可以点击一个对象让它退出选择集。删除模式的替换模式是在选择单个对象时按下"Shift"键，或者是使用"自动"选项。

十一、添加方式

又称返回到加入方式，在扣除模式下，即"删除对象"提示下键入 A，回车，AutoCAD会提示"选择对象"，这时返回到加入模式。

十二、交替选择对象

如果有两个以上的对象相互重叠在某一个位置，或相互位置非常接近，此时不想全部选择，则可以配合"Ctrl"键来进行选择。

AutoCAD 支持循环选择对象。在选择对象之前，按住"Ctrl"键，再点取需要选择的对象，被选择的对象将被高亮显示。如果显示的不是需要的对象，则可以继续点取，同一位置的其他对象将被依次选中。当选中希望的对象时，松开"Ctrl"键并回车确认即可。

十三、快速选择对象

选择工具→快速选择选项,或在命令行中输入QSELECT 命令,或单击鼠标右键,在弹出的菜单中选择快速选择选项。系统都会弹出快速选择对话框,如图 6-8 所示。

对话框中各项含义如下。

（1）应用到：可以设置本次操作的对象是整个图形或当前选择集。

（2）对象类型：指定对象的类型，调整选择的范围。

（3）特性：选择对象的属性，如图层、颜色、线性等。

（4）运算符：选择运算格式。

（5）值：设置和特性相匹配的值。可以在特性、运算符和值中设定多个表达式，各条件之间是逻辑"与"的关系。

（6）如何应用：

图 6-8　"快速选择"对话框

包括在新选择集中——按设定的条件创建新的选择集；

排除在新选择集之外——符合设定条件的对象被排除在选择集之外。

（7）附加到当前选择集：如果选中该复选框，表示符合条件的对象被增加到当前选择集中，否则，符合条件的选择集将取代当前的选择集。

十四、子对象

用户可以逐个选择原始形状，这些形状是复合实体的一部分或三维实体上的顶点、边和面。可以选择这些子对象的其中之一，也可以创建多个子对象的选择集。选择集可以包含多种类型的子对象，如图 6-9 所示。

按住"Ctrl"键操作与选择 SELECT 命令的"子对象"选项相同。

图 6-9　子对象

第二节　夹点编辑

夹点又称穴点、关键点，是指图形对象上可以控制对象位置、大小的关键点。比如直线，中点可以控制其位置，两个端点可以控制其长度和位置，所以一条直线有三个夹点。

当在命令提示状态下选择了图形对象时，会在图形对象上显示出蓝色小方框表示的夹点。

部分常见对象的夹点模式如图 6-10 所示。

直线　　　　多线　　　　多段线　　　　圆

样条曲线　　　圆弧　　　　多边形　　　　椭圆

图案填充　　　　标注　　　　　　　文字

图 6-10　常见对象的夹点模式

在选取图形对象后，选中一个或多个夹点，再单击鼠标右键，系统会弹出屏幕夹点编辑快捷菜单。在菜单中列出了一系列可以进行的编辑项目，用户可以选取相应的菜单命令行编辑。

一、利用夹点拉伸对象

利用夹点拉伸对象，选中对象的两侧夹点，该夹点和光标一起移动，在目标位置按下鼠标左键，则选取的夹点将会移动到新的位置。如图 6-11 所示。

图 6-11　常见对象的夹点拉伸

二、利用夹点移动对象

利用夹点移动对象，可以选中目标后，单击鼠标右键，在随位菜单中选择"移动"操作。也可以选中某个夹点进行移动，则所选对象随之一起移动，在目标点按下鼠标左键即可，所选对象就移动到新的位置，如图 6-12 所示。

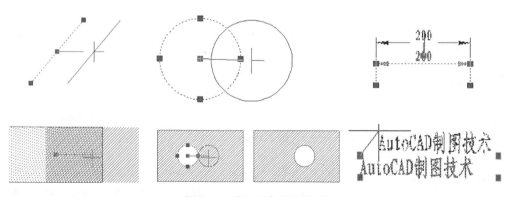

图 6-12　常见对象的夹点移动

三、利用夹点旋转对象

利用夹点可将选定的对象进行旋转。

首先选择对象，出现该对象的夹点，再选择一基点，键入 ROTATE（RO）（单击鼠标右键弹出快捷菜单，从中选择旋转）。

实例   利用夹点将如图 6-13（a）所示图形逆时针旋转 30° 变成图 6-13（b）所示。

（a）   （b）   （c）

图 6-13   夹点旋转

【操作过程】

图 6-14   随位菜单

命令：选定对象   **如图 6-13(c) 所示**

将十字光标放到任意夹点上（例如中心夹点），单击鼠标右键，弹出在如图 6-14 所示的随位菜单，点击"旋转"，命令行出现如下提示。

命令：_rotate

UCS 当前的正角方向：ANGDIR=逆时针   ANGBASE=0

找到 3 个

指定基点：   **指定图形旋转的基点 [图 6-13(a) 中的左下角点]**

指定旋转角度，或 [复制(C)/参照(R)] <0>：30

                    输入旋转角度 30，回车

命令：   **屏幕出现如图 6-13（b）所示图形**

四、利用夹点复制对象

利用夹点可将选定的对象多重复制。

首先选择对象，出现该对象的夹点，再选择一个基点，键入 COPY（CO）（单击鼠标右键弹出快捷菜单，从中选择复制选择）。

实例   利用夹点将如图 6-15（a）所示图形再复制三个变成 6-15（b）所示。

【操作过程】

命令：选定对象   **如图 6-15(c) 所示**

将十字光标放到任意夹点上(例如中心夹点)，单击鼠标右键，弹出在如图 6-14 所示的随位菜单，点击"复制选择"，命令行出现如下提示。

命令：_copy 找到 8 个

当前设置：复制模式 = 多个

指定基点或 [位移(D)/模式(O)] <位移>：   **指定复制图形的基点 (此例为左下角点)**

指定第二个点或 [阵列(A)] <使用第一个点作为位移>：   **原有的为第一复制对象**

指定第二个点或[阵列(A)/退出(E)/放弃(U)]<退出>：**点击第二复制对象的基点**
指定第二个点或[阵列(A)/退出(E)/放弃(U)]<退出>：**点击第三复制对象的基点**
指定第二个点或[阵列(A)/退出(E)/放弃(U)]<退出>：**点击第四复制对象的基点　回车**
命令：　　　　　　　　　　　　　　　　　　　**屏幕出现如图 6-15(b)所示图形。**

(a)　　　　　　　　　　(b)　　　　　　　　　　(c)

图 6-15　　夹点复制

五、利用夹点删除对象

选中对象后，按"delete"键就可。

六、利用夹点的其他操作

选择对象，出现该对象的夹点后，单击鼠标右键弹出快捷菜单，点击"最近的输入"，子菜单列出最近使用过的命令，可以从中选择所要的操作，如图 6-16 所示。

图 6-16　夹点的快捷操作菜单

第三节　基本编辑命令与技巧

理论上来说，掌握基本的绘图命令之后，就可以进行二维绘图了。事实上，如果要达到快速精确制图，还必须熟练地掌握基本的编辑命令，因为在二维绘图工作中，大量的工作需要编辑命令来完成。夹点编辑固然简洁，但它的功能不够强大，要完成复杂的编辑任务，基本的编辑命令是不可或缺的。

一、删除对象
删除命令用来将图形中不需要的对象彻底清除干净。

命令　ERASE（E）

菜单　修改→删除

工具栏

命令及提示

命令：_erase

选择对象：

参数说明

选择对象：选择要删除的对象，可以采用任意的对象选择方式进行选择。

技巧　（1）如果先选择了对象，在显示了夹点后，可通过"Del"键删除对象。

（2）如果先选择了对象，在显示夹点后，可通过"剪切"命令删除对象。

实例　删除如图 6-17 所示对象，（a）用删除命令，（b）用"Del"键直接删除，（c）用剪切命令。

（a）　　　　　　　　　　（b）　　　　　　　　　　（c）

图 6-17　删除对象

【操作过程】

命令：_erase

选择对象：找到 1 个　　　　　　　点击（a）中直线对象

选择对象：　　　　　　　　　　　回车结束对象选择

命令：　　　　　　　　　　　　　点击对象（b）中圆对象

命令：_.erase 找到 1 个　　　　　单击"**Del**"键

命令：　　　　　　　　　　　　　单击对象（c）中圆弧对象

命令：　　　　　　　　　　　　　按"**Ctrl+X**"

命令：_cutclip 找到 1 个

命令：

二、复制对象

对图形中相同的或相近的对象，不管其复杂程度如何，只要完成一个后，便可以通过复制命令产生若干个与之相同的图形。复制可以减少大量的重复性劳动。

命令 COPY（CO）

菜单 修改→复制对象

工具栏

命令及提示

命令：_copy

选择对象：

当前设置：复制模式 ＝ 多个

指定基点或[位移(D)/模式(O)] <位移>：

参数说明

（1）选择对象：选择欲复制的对象。

（2）当前设置：复制模式为多个复制。

（3）位移：原对象与目标对象之间的距离。

（4）模式（O）：分为一次复制一个和一次复制多个两种模式，默认为一次复制多个模式。

技巧 （1）在确定位移时应充分利用诸如对象捕捉、栅格、捕捉和对象捕捉追踪等辅助工具来精确制图。

（2）应灵活运用各种对象选择方法来选择要复制的对象。

实例 利用重复制命令复制三个梁断面，如图 6-18 所示。

（a）

（b）

图 6-18 复制对象

【操作过程】

命令：COPY

选择对象：指定对角点：找到 3 个   **选中图 6-18(a) 中断面，作为要复制的对象**

选择对象：   **回车，结束选择对象**

当前设置：复制模式 ＝ 多个

指定基点或[位移(D)/模式(O)] <位移>：   **指定一个特征点，作为下次的插入点**

指定第二个点或[阵列(A)] <使用第一个点作为位移>：   **指定第一个复制的位置点**

指定第二个点或[阵列(A)/退出(E)/放弃(U)] <退出>：   **指定第二个复制的位置点**

指定第二个点或[阵列(A)/退出(E)/放弃(U)] <退出>：   **指定第三个复制的位置点**

指定第二个点或[阵列(A)/退出(E)/放弃(U)] <退出>：**回车结束复制命令**
命令：

三、镜像

对于对称的图形，可以只绘制一半甚至四分之一，然后通过采用镜像命令产生对称的部分。

命令　MIRROR（MI）
菜单　修改→镜像
工具栏　

命令及提示

命令：MIRROR
选择对象：
指定镜像线的第一点：
指定镜像线的第二点：
是否删除源对象？[是(Y)/否(N)] <N>：

参数说明

（1）选择对象：选择欲镜像的对象。

（2）指定镜像线的第一点：确定镜像轴线的第一点。

（3）指定镜像线的第二点：确定镜像轴线的第二点。

（4）是否删除源对象？[是（Y）/否（N）] <N>：Y 是删除源对象，N 是保留源对象。

技巧　（1）对于文字的镜像，可通过 MIRRTEXT 变量控制是否使文字改变方向。如果 MIRRTEXT 变量值等于 0，则文字方向不变；如果 MIRRTEXT 变量值等于 1（默认值），则镜像后文字方向改变。

（2）该命令一般用于对称图形，可以只绘制其中的一半甚至是四分之一，然后采用镜像命令来产生其他对称的部分。

实例　生成一个四分之一圆弧，如图 6-19（a）所示，通过镜像命令生成一个完整的圆如图 6-19（b）所示。

（a）　　　　　　　　　　　　（b）
图 6-19　　镜像对象

【操作过程】

命令：_mirror
选择对象：找到 1 个　　　　　　　　　　　　**点取圆弧**
选择对象：指定镜像线的第一点：指定镜像线的第二点：　**指定镜像线，点取圆弧的一个端点和圆心**

是否删除源对象？[是(Y)/否(N)] <N>:	使用默认值，不删除源对象
命令：_mirror	重复镜像命令
选择对象：指定对角点：找到 2 个，总计 2 个	用窗口方式选中两段圆弧
选择对象：指定镜像线的第一点：指定镜像线的第二点：	点取直径的两个端点
是否删除源对象？[是(Y)/否(N)] <N>:	使用默认值，不删除源对象
命令：	

四、偏移

单一对象可以将其偏移，从而产生复制的对象，可以用来创建同心圆、平行线和平行曲线。偏移时根据偏移距离会重新计算其大小。

命令 OFFSET（O）

菜单 修改→偏移

工具栏

命令及提示

命令：_offset

当前设置：删除源=否 图层=源 OFFSETGAPTYPE=0

指定偏移距离或[通过(T)/删除(E)/图层(L)] <通过>:

选择要偏移的对象，或[退出(E)/放弃(U)] <退出>:

指定要偏移的那一侧上的点，或[退出(E)/多个(M)/放弃(U)] <退出>:

参数说明

（1）指定偏移距离：在距现有对象指定的距离处创建对象，输入偏移距离，该距离可以通过键盘键入，可以通过点取两个点来定义，如图 6-20 所示。

图 6-20 指定偏移距离偏移对象

（2）[通过(T)]：创建通过指定点的对象，如图 6-21 所示。

图 6-21 通过指定点偏移对象

（3）删除（E）：偏移源对象后将其删除。

（4）图层（L）：确定将偏移对象创建在当前图层上还是源对象所在的图层上。

（5）选择要偏移的对象：选择将要偏移的对象。

（6）退出（E）：回车则退出偏移命令。

（7）放弃（U）：输入"U"，重新选择将要偏移的对象。

（8）指定要偏移的那一侧上的点：指定点来确定往哪个方向偏移。

（9）退出（E）：退出 OFFSET 命令。

（10）多个（M）：输入"多个"偏移模式，这将使用当前偏移距离重复进行偏移操作。

（11）放弃（U）：恢复前一个偏移。

技巧 （1）在画相互平行的直线时，只要知道之间的距离，就可以通过偏移命令快速实现。

（2）偏移命令一次只能对一个对象进行偏移，但可以偏移多次。

实例 将样条曲线、矩形、圆和直线，如图 6-22（a）所示。分别向右、内和上偏移 20，再向左、外或下偏移 40，如图 6-22（b）所示。

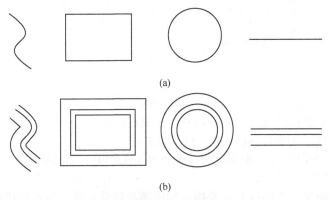

图 6-22　偏移样条曲线、矩形、圆和直线

【操作过程】

命令：_offset
当前设置：删除源=否　图层=源　OFFSETGAPTYPE=0
指定偏移距离或[通过(T)/删除(E)/图层(L)] <5.0000>：20回车　　**输入 20，作为偏移的距离**
选择要偏移的对象，或[退出(E)/放弃(U)] <退出>：　　**选择样条曲线**
指定要偏移的那一侧上的点，或[退出(E)/多个(M)/放弃(U)] <退出>：**单击样条曲线右边任一点**
选择要偏移的对象，或[退出(E)/放弃(U)] <退出>：　　**选择矩形**
指定要偏移的那一侧上的点，或[退出(E)/多个(M)/放弃(U)] <退出>：**单击矩形内任一点**
选择要偏移的对象，或[退出(E)/放弃(U)] <退出>：　　**选择圆**
指定要偏移的那一侧上的点，或[退出(E)/多个(M)/放弃(U)] <退出>：**单击圆内任一点**
选择要偏移的对象，或[退出(E)/放弃(U)] <退出>：　　**选择直线**
指定要偏移的那一侧上的点，或[退出(E)/多个(M)/放弃(U)] <退出>：**单击直线上方任一点**
选择要偏移的对象，或[退出(E)/放弃(U)] <退出>：回车　　**回车结束偏移命令**
命令：_offset　　**再回车调入偏移命令**
当前设置：删除源=否　图层=源　OFFSETGAPTYPE=0
指定偏移距离或[通过(T)/删除(E)/图层(L)] <20.0000>：40回车　　**输入 40，作为偏移的距离**
选择要偏移的对象，或[退出(E)/放弃(U)] <退出>：　　**选择样条曲线**
指定要偏移的那一侧上的点，或[退出(E)/多个(M)/放弃(U)] <退出>：**单击样条曲线左边任一点**
选择要偏移的对象，或[退出(E)/放弃(U)] <退出>：　　**选择矩形**

指定要偏移的那一侧上的点，或[退出(E)/多个(M)/放弃(U)] <退出>：**单击矩形外任一点**
选择要偏移的对象，或[退出(E)/放弃(U)] <退出>：   **选择圆**
指定要偏移的那一侧上的点，或[退出(E)/多个(M)/放弃(U)] <退出>：**单击圆外任一点**
选择要偏移的对象，或[退出(E)/放弃(U)] <退出>：   **选择直线**
指定要偏移的那一侧上的点，或[退出(E)/多个(M)/放弃(U)] <退出>：**单击直线下方任一点**
选择要偏移的对象，或[退出(E)/放弃(U)] <退出>：回车   **回车结束偏移命令**

五、阵列

可以在均匀隔开的矩形、环形或路径阵列中多重复制对象。可用于二维或三维图案中。

命令 ARRAY（AR）

菜单 修改→阵列

1. 矩形阵列：矩形阵列是指将对象按行和列的方式进行排列，如图 6-23 所示。

工具栏

图 6-23　矩形阵列

菜单 修改→阵列→矩形阵列

创建矩形阵列的步骤

（1）命令：_arrayrect

（2）选择要排列的对象，并按 Enter 键。

（3）指定栅格的对角点以设置行数和列数，在定义阵列时会显示预览栅格。

（4）指定栅格的对角点以设置行间距和列间距。

（5）按"Enter"键。

命令及提示

命令：_arrayrect
选择对象：
类型 = 矩形　关联 = 是
为项目数指定对角点或[基点(B)/角度(A)/计数(C)] <计数>：
输入行数或[表达式(E)] <4>：
输入列数或[表达式(E)] <4>：
指定对角点以间隔项目或[间距(S)] <间距>：
指定行之间的距离或[表达式(E)] <93.4002>：
指定列之间的距离或[表达式(E)] <125.141>：
按 Enter 键接受或[关联(AS)/基点(B)/行(R)/列(C)/层(L)/退出(X)] <退出>：

参数说明

（1）选择对象：选择欲阵列的对象，选择完成后回车结束

（2）项目：指定阵列中的项目数。

（3）计数（C）：分别指定行和列的值。

（4）基点（B）：指定阵列的基点。

（5）角度（A）：指定行轴的旋转角度，行和列轴保持相互正交。

（6）行数：编辑阵列中的行数和行间距，以及它们之间的增量标高。

（7）列数：编辑阵列中的列数和列间距。

（8）表达式（E）：使用数学公式或方程式获取的值。

（9）关联（AS）：指定是否在阵列中创建项目作为关联阵列对象，或作为独立对象。

（10）层（L）：指定层数和层间距。

图 6-24 环形阵列

（11）退出（X）：退出命令。

技巧 对于特殊的阵列可以通过旋转坐标系来得到，如下面的实例即是通过旋转坐标来得到楼梯的剖面图。

2. 环形阵列：围绕中心点或旋转轴在环形阵列中均匀分布复制的对象，如图 6-24 所示。

菜单：修改→阵列→环形阵列

创建环形阵列的步骤

（1）命令：_ arraypolar

（2）选择要排列的对象。

（3）执行以下操作之一：

    指定中心点。

    指定基点。

    输入 a（旋转轴）并指定两个点来定义自定义旋转轴。在定义阵列时显示预览。

（4）指定项目数。

（5）指定要填充的角度。

（6）按"Enter"键。

也可以通过定义项目间的角度创建阵列。

命令及提示

```
命令：_arraypolar
选择对象：
类型 = 极轴  关联 = 是
指定阵列的中心点或[基点(B)/旋转轴(A)]：
输入项目数或[项目间角度(A)/表达式(E)] <3>：
指定填充角度(+=逆时针、-=顺时针)或[表达式(EX)] <360>：
按 Enter 键接受或[关联(AS)/基点(B)/项目(I)/项目间角度(A)/填充角度(F)/行(ROW)/层
(L)/旋转项目(ROT)/退出(X)]
<退出>：
```

参数说明

（1）选择对象：拾取欲阵列的对象。

（2）中心点：指定分布阵列项目所围绕的点，旋转轴是当前 UCS 的 Z 轴。一般采用系统默认值。

（3）基点（B）：指定阵列的基点。

（4）旋转轴（A）：指定由两个指定点定义的自定义旋转轴。

（5）项目：指定阵列中的项目数。

（6）项目间角度（A）：指定项目之间的角度。

（7）表达式（E）：使用数学公式或方程式获取的值。

（8）填充角度：指定阵列中第一个和最后一个项目之间的角度，正值为逆时针阵列；负值为顺时针阵列，可在屏幕上拾取。

（9）关联（AS）：指定是否在阵列中创建项目作为关联阵列对象，或作为独立对象。

（10）行（ROW）：编辑阵列中的行数和行间距，以及它们之间的增量标高。

（11）层（L）：指定阵列中的层数和层间距。

（12）旋转项目（ROT）：控制在排列项目时是否旋转项目。

（13）退出（X）：退出命令。

3. 路径阵列：沿路径或部分路径均匀分布复制对象，路径可以是直线、多段线、三维多段线、样条曲线、螺旋、圆弧、圆或椭圆，如图 6-25 所示。

图 6-25　路径阵列

菜单　修改→阵列→路径阵列

创建路径阵列的步骤

（1）命令：_arraypath

（2）选择要排列的对象，并按"Enter"键。

（3）选择路径曲线：在定义阵列时显示预览。

（4）（可选）输入 O（方向），然后指定基点，或按 Enter 键将选定路径的端点用作基点。然后指定以下方法之一，①与路径起始方向一致的方向；②普通：对象对齐垂直于路径的起始方向。

（5）执行以下操作之一：

① 指定项目的间距；

② 输入 d（分割）：以沿整个路径长度均匀地分布项目；

③ 输入 t（全部）：并指定第一个和最后一个项目之间的总距离；

④ 输入 e（表达式）：并定义表达式；

（6）按 Enter 键；

六、移动

移动命令可以将一组或一个对象从一个位置移动到另一个位置。

命令　MOVE（M）

菜单　修改→移动

工具栏

命令及提示

命令：_move
选择对象：
指定基点或[位移(D)] <位移>：
指定第二个点或 <使用第一个点作为位移>：

参数说明

（1）选择对象：选择欲移动的对象。

（2）指定基点或[位移(D)] <位移>：指定移动的基点或直接输入位移。

指定第二个点或 <使用第一个点作为位移>：如果点取了某点，则指定位移第二点。如果直接回车，则用第一点的数值作为位移移动对象。

技巧 采用诸如对象捕捉等辅助绘图手段来精确移动对象。

实例 将窗户（块）从 2 点移到 3 点，如图 6-26 所示。

图 6-26　移动对象

【操作过程】

命令：_move	
选择对象：找到 1 个	选择窗户 1
选择对象：	回车结束对象选择
指定基点或位移：	点取 2 点，作为下次的插入点
指定位移的第二点或 <用第一点作位移>：	点取 3 点，插入窗户

七、旋转

旋转命令可以将某一对象旋转一个指定角度或参照一对象进行旋转。

命令 ROTATE（RO）

菜单 修改→旋转

工具栏

命令及提示

命令：_rotate
UCS 当前的正角方向：ANGDIR=逆时针　ANGBASE=0
选择对象：
指定基点：
指定旋转角度，或[复制(C)/参照(R)] <0>：

参数说明

（1）选择对象：选择欲旋转的对象。

（2）指定基点：指定旋转的基点。

（3）旋转角度：决定对象绕基点旋转的角度，旋转轴通过指定的基点，并且平行于当前UCS 的 Z 轴。默认旋转角度为 0°（不旋转）。

（4）复制（C）：创建要旋转的选定复制对象。

（5）参照（R）：将对象从指定的角度旋转到新的绝对角度，旋转视口对象时，视口的边框仍然保持与绘图区域的边界平行。

实例　1. 通过拖动将图示平坡屋面旋转，如图 6-27 所示。

选定的对象　　　　　　基点和旋转角度　　　　　　结果

图 6-27　拖动旋转

【操作过程】

命令：_rotate

UCS 当前的正角方向：ANGDIR=逆时针　ANGBASE=0

选择对象：指定对角点：找到 15 个　　　　　　　**选择平坡屋面**（矩形 **1** 至 **2** 范围）

选择对象：　　　　　　　　　　　　　　　　　　**回车结束对象选择**

指定基点：　　　　　　　　　　　　　　　　　　**拾取 2 点，作为旋转基点**

指定旋转角度，或[复制(C)/参照(R)] <0>：　　　**拾取 3 点**

2. 使用"参照"选项，旋转对象与绝对角度对齐，如图 6-28 所示。

选定对象(1,2)　　　　基点(3)，参照点　　　　结果
　　　　　　　　　　　　(4,5)

图 6-28　参照旋转

【操作过程】

命令：_rotate

UCS 当前的正角方向：ANGDIR=逆时针　ANGBASE=0

选择对象：指定对角点：找到 8 个　　　　　　　**选择对象**（矩形 **1** 至 **2** 范围）

选择对象：　　　　　　　　　　　　　　　　　　**回车结束对象选择**

指定基点：　　　　　　　　　　　　　　　　　　**拾取 3 点，作为旋转基点**

指定旋转角度，或[复制(C)/参照(R)] <0>：R 回车　**输入 R**（参照）**并结束选项**

指定参照角 <0>：指定第二点：　　　　　　　　　**指定参照点 4、5**

指定新角度或[点(P)] <0>：90 回车　　　　　　　**输入新角度 90°回车结束操作**

八、比例缩放

在绘图过程中经常发现绘制的图形过大或过小。通过比例缩放可以快速实现图形的大小转换，使缩放后对象的比例保持不变。缩放时可以指定一定的比例，也可以参照其他对象进行缩放。

命令 SCALE（SC）
菜单 修改→比例缩放
工具栏

缩放
放大或缩小选定对象，缩放后保持对象的比例不变

SCALE
按 F1 键获得更多帮助

命令及提示

命令：SCALE
选择对象：
指定基点：
指定比例因子或[复制(C)/参照(R)]：

参数说明

（1）选择对象：选择欲比例缩放的对象。

（2）指定基点：指定比例缩放的基点。

（3）指定比例因子：按指定的比例放大选定对象的尺寸。大于1的比例因子使对象放大。介于0和1之间的比例因子使对象缩小，还可以拖动光标使对象变大或变小。

（4）复制（C）：创建要缩放的选定复制对象。

（5）参照（R）：按参照长度和指定的新长度缩放所选对象。

实例 使用比例因子将图示阀块缩小1倍，如图6-29所示。

选定对象　　　　　　　按0.5的比例因子　　　　　结果
　　　　　　　　　　　缩放的对象

图6-29　比例因子缩放

【操作过程】

命令：_scale
选择对象：找到1个　　　　　　　　　选择阀块1
选择对象：　　　　　　　　　　　　　回车结束对象选择
指定基点：　　　　　　　　　　　　　拾取2点，作为缩放的基点
指定比例因子或[复制(C)/参照(R)]：0.5　　输入比例因子，缩小1倍

九、拉伸

拉伸是调整图形大小、位置的一种十分灵活的工具。若干对象（例如圆、椭圆和块）无法拉伸。

命令 STRETCH
菜单 修改→拉伸

工具栏

命令及提示

命令：_stretch

以交叉窗口或交叉多边形选择要拉伸的对象……

选择对象：指定对角点：

选择对象：

指定基点或[位移(D)] <位移>：

指定第二个点或 <使用第一个点作为位移>：

参数说明

（1）选择对象：只能以交叉窗口或交叉多边形选择要拉伸的对象。

（2）指定基点或[位移(D)] <位移>：定义位移或指定拉伸基点。

（3）指定第二个点或 <使用第一个点作为位移>：如果第一点定义了基点，则定义第二点来确定位移。

实例　将如图 6-30（a）所示六边形拉伸成如图 6-30（b）所示图形。

(a)　　　　　　　　　　　　　　　　　　(b)

图 6-30　拉伸

【操作过程】

命令：_stretch

以交叉窗口或交叉多边形选择要拉伸的对象……

选择对象：指定对角点：找到 1 个　　　　**用交叉窗口方式选中六边形**

选择对象：　　　　　　　　　　　　　　**回车结束对象选择**

指定基点或[位移(D)] <位移>：　　　　　**拾取六边形最右边的角点**

指定第二个点或 <使用第一个点作为位移>：　**点取直线的中点**

注意　如果选择对象时所选的对象完全包含在窗交窗口中或单独选定对象，此命令就变成了移动功能。

十、拉长

拉长命令可以修改某直线或圆弧的长度或角度。可以指定绝对大小、相对大小、相对百分比大小，甚至可以动态修改其大小。

命令　LENGTHEN

菜单　修改→拉长

命令及提示

命令：lengthen

选择对象或[增量(DE)/百分数(P)/全部(T)/动态(DY)]：DE

输入长度增量或[角度(A)] <0.0000>：

选择要修改的对象或[放弃(U)]：

参数说明

（1）选择对象：选择欲拉长的直线或圆弧对象，此时显示该对象的长度或角度。

（2）增量（DE）：定义增量大小，正值为增，负值为减。

（3）百分数（P）：定义百分数来拉长对象，类似于缩放的比例。

（4）全部（T）：定义最后的长度或圆弧的角度。

（5）动态（DY）：动态拉长对象。

（6）输入长度增量或[角度(A)]：输入长度增量或角度增量。

（7）选择要修改的对象或[放弃(U)]：点取欲修改的对象，输入 U 则放弃上一步操作。

实例　将如图所示直线拉长 100 个单位，如图 6-31 所示。

图 6-31　拉长

【操作过程】

命令：_lengthen

选择对象或[增量（DE）/百分数（P）/全部（T）/动态（DY）]：DE　　　**选择增量项**

输入长度增量或[角度（A）] <0.0000>：100　　　　　　　　**输入增加值**

选择要修改的对象或[放弃（U）]：　　　　　　　　　　　**选择要拉长的对象**

选择要修改的对象或[放弃（U）]：　　　　　　　　　　　**回车结束对象选择**

十一、修剪

绘图中经常需要修剪图形，将超出的部分去掉，以便使图形对象精确相交。修剪命令是以指定的对象为边界，将要修剪的对象剪去超出的部分。

命令　TRIM

菜单　修改→修剪

工具栏

命令及提示

命令：_trim

当前设置：投影=UCS 边=无

选择剪切边 …

选择对象或 <全部选择>：找到 1 个

选择对象：

选择要修剪的对象，或按住 Shift 键选择要延伸的对象，或

[栏选(F)/窗交(C)/投影(P)/边(E)/删除(R)/放弃(U)]:

参数说明

（1）选择剪切边… 选择对象：提示选择剪切边，选择对象作为剪切边界。

（2）选择要修剪的对象：选择欲修剪的对象。

（3）按住"Shift"键选择要延伸的对象：延伸选定对象而不是修剪它们。此选项提供了一种在修剪和延伸之间切换的简便方法。

（4）栏选（F）：选择与选择栏相交的所有对象。选择栏是一系列临时线段，它们是用两个或多个栏选点指定的。选择栏不构成闭合环。

（5）窗交（C）：选择矩形区域（由两点确定）内部或与之相交的对象。

（6）投影（P）：按投影模式剪切，选择该项后，提示输入投影选项。

（7）边（E）：按边的模式剪切，选择该项后，提示输入隐含边延伸模式。确定对象是在另一对象的延长边处进行修剪，还是仅在三维空间中与该对象相交的对象处进行修剪。

延伸：沿自身自然路径延伸剪切边使它与三维空间中的对象相交。

不延伸：指定对象只在三维空间中与其相交的剪切边处修剪。

（8）删除（R）：删除选定的对象。此选项提供了一种用来删除不需要的对象的简便方式，而无需退出 TRIM 命令。

（9）放弃（U）：放弃上一次延伸操作。

技巧　对块中包含的图元或多线等进行操作前，必须先将它们分解，使之失去块、多线的性质才能进行修剪编辑。

实例　如图 6-32（a）所示以直线 1、2 为边界，将直线 3、4 剪去，如图 6-32（b）所示。

(a)　　　　　　　　　　　　　　(b)

图 6-32　修剪

【操作过程】

命令：_trim

当前设置：投影=UCS，边=无

选择剪切边…

选择对象或 <全部选择>：找到 11 个　　　　　　　　　　　　　　**点取直线 1、2，作为剪切边**

选择对象：　　　　　　　　　　　　　　　　　　　　　　　　　**回车结束对象选择**

选择要修剪的对象，或按住 Shift 键选择要延伸的对象，或

[栏选(F)/窗交(C)/投影(P)/边(E)/删除(R)/放弃(U)]：E　**选择边选项**

输入隐含边延伸模式[延伸(E)/不延伸(N)] <不延伸>：E　　**让边延伸**

选择要修剪的对象，或按住 Shift 键选择要延伸的对象，或

[栏选(F)/窗交(C)/投影(P)/边(E)/删除(R)/放弃(U)]：　　**点取 3、4 直线**

选择要修剪的对象，或按住 Shift 键选择要延伸的对象，或

[栏选(F)/窗交(C)/投影(P)/边(E)/删除(R)/放弃(U)]：　　**回车结束修剪命令**

十二、延伸

延伸是以指定的对象为边界，延伸某对象与之精确相交。

命令 EXTEND
菜单 修改→延伸
工具栏

延伸
延伸对象以适合其他对象的边

EXTEND
按 F1 键获得更多帮助

命令及提示

命令：_extend
当前设置：投影=UCS，边=延伸
选择边界的边...
选择对象或 <全部选择>：指定对角点：
选择对象：
选择要延伸的对象，或按住 Shift 键选择要修剪的对象，或[栏选(F)/窗交(C)/投影(P)/边(E)/
放弃(U)]：

参数说明

（1）选择边界的边... 选择对象：使用选定对象来定义对象延伸到的边界。

（2）选择要延伸的对象：选择欲延伸的对象，按"Enter"键结束命令。

（3）按住"Shift"键选择要修剪的对象：将选定对象修剪到最近的边界而不是将其延伸。这是在修剪和延伸之间切换的简便方法。

（4）栏选（F）：选择与选择栏相交的所有对象。选择栏是一系列临时线段，它们是用两个或多个栏选点指定的。选择栏不构成闭合环。

（5）窗交（C）：选择矩形区域（由两点确定）内部或与之相交的对象。

（6）投影（P）：按投影模式延伸，选择该项后，提示输入投影选项。

（7）边（E）：按边的模式延伸，选择该项后，提示输入隐含边延伸模式。

（8）放弃（U）：放弃上一次延伸操作。

实例 如图 6-33（a）所示图形变成如图 6-33（c）所示。

选定的边界　　　　　　选定要延伸的对象　　　　　　结果
(a)　　　　　　　　　　　(b)　　　　　　　　　　　(c)

图 6-33　延伸

【操作过程】

命令：extend
当前设置：投影=UCS，边=延伸
选择边界的边...
选择对象或 <全部选择>：指定对角点：　　　　　　　点取次圆，作为边界的边
选择对象：　　　　　　　　　　　　　　　　　　　　回车结束边界选择
选择要延伸的对象，或按住 Shift 键选择要修剪的对象，或

[栏选(F)/窗交(C)/投影(P)/边(E)/放弃(U)]:　　　　　**点取六组轮毂**

选择要延伸的对象，或按住 Shift 键选择要修剪的对象，或

[栏选(F)/窗交(C)/投影(P)/边(E)/放弃(U)]:　　　　　**回车结束延伸命令**

命令：

十三、打断于点

打断于点命令可以将对象一分为二。

工具栏

命令及提示

命令：break

选择对象：

指定第二个打断点 或[第一点(F)]:

打断于一点命令包含在打断命令之中的。在打断于点命令中，在选择对象后有一个提示，"指定第二个打断点 或[第一点(F)]:"，这个第一点即是"打断于一点"的意思。唯一的区别是使用这个命令打断下来的一段在屏幕上不会消去，保留在屏幕上，它变成一个独立的对象。

实例　将图示圆弧在 *A* 点处打断，如图 6-34 所示。

图 6-34　打断于点

【操作过程】

命令：_break 选择对象：　　　　　**选中圆弧**

指定第二个打断点或[第一点(F)]: F

指定第一个打断点：　　　　　**在 *A* 点处点取一点**

指定第二个打断点：@

十四、打断

打断命令可以将对象一分为二或去掉其中一段减少其长度。

命令　**BREAK**

菜单　修改→打断

工具栏

命令及提示

命令：_break

选择对象：

指定第二个打断点 或[第一点(F)]:

参数说明

（1）选择对象：选择打断的对象。如果在后面的提示中不输入 F 来重新定义第一点，则拾取该对象的点为第一点。

（2）指定第二个打断点：拾取打断的第二点。如果输入@指第二点和第一点相同，即将选择对象分成两段。

（3）第一点（F）：输入 F 重新定义第一点。

技巧 打断圆或圆弧时拾取点的顺序很重要，因为打断总是逆时针方向删除圆上第一个打断点到第二个打断点之间的部分，所以拾取点时也得按逆时针方向点取。

实例 将图示圆打断成一段圆弧，分别如图 6-35 中（a）、（b）所示。

图 6-35　打断

【操作过程】

如图 6-35（a）所示结果，则如下操作：

命令：_break 选择对象：　　　　　　　　　**在 1 点处选中圆**

指定第二个打断点或[第一点(F)]：　　　　**点击 2 点**

如图 6-35（b）所示结果，则如下操作：

命令：_break 选择对象：　　　　　　　　　**在 1 点处选中圆**

指定第二个打断点或[第一点(F)]：　　　　**点击 2 点**

十五、合并

用于合并线性和弯曲对象的端点，以便创建单个对象。构造线、射线和闭合的对象无法合并。

命令　JOIN

菜单　修改→合并

工具栏

命令及提示

命令：join

选择源对象或要一次合并的多个对象：指定对角点：

选择要合并的对象：

实例 将如图 6-36（a）所示两段线段合并成一条，如图 6-36（c）所示。

(a)　　　　　　　　　　　(b)　　　　　　　　　　　(c)

图 6-36　合并线段

【操作过程】

命令：_join

选择源对象或要一次合并的多个对象：指定对角点：找到 2 个

选择 **2** 段线段，如图 **6-36**(b) 所示

选择要合并的对象：　　　　　　回车结束命令

2 条直线已合并为 1 条直线　　如图 **6-36**(c) 所示

十六、倒角

将按用户选择对象的次序应用指定的距离和角度给对象加倒角。可以倒角直线、多段线、射线和构造线，还可以倒角三维实体和曲面。如果选择网格进行倒角，则可以先将其转换为实体或曲面，然后再完成此操作。

命令　CHAMFER

菜单　修改→倒角

工具栏

命令及提示

命令：_chamfer

("修剪"模式)当前倒角距离 1 = 0.0000，距离 2 = 0.0000

选择第一条直线或[放弃(U)/多段线(P)/距离(D)/角度(A)/修剪(T)/方式(E)/多个(M)]：

选择第二条直线，或按住 Shift 键选择直线以应用角点或[距离(D)/角度(A)/方法(M)]：

参数说明

(1) 第一条直线：选择倒角的第一条直线。

(2) 第二条直线：选择倒角的第二条直线。

(3) 放弃（U）：恢复在命令中执行的上一个操作。

(4) 多段线（P）：对多段线倒角。

(5) 距离（D）：设置倒角距离。

(6) 角度（A）：通过距离和角度来设置倒角大小。

(7) 修剪（T）：设定修剪模式。如果为修剪模式，则倒角时自动将不足的补齐，超出的剪掉；如果为不修剪模式，则仅仅增加一倒角，原有图线不变。

(8) 方式（E）：控制 CHAMFER 使用两个距离还是一个距离和一个角度来创建倒角。

(9) 多个（M）：为多组对象的边倒角。

(10) 方法（M）：设定修剪方法为距离或角度。

技巧　（1）如果将两距离设定为 0 和修剪模式，可以通过倒角命令修齐两直线，而不论这两条不平行直线是否相交或需要延伸才能相交。

（2）选择直线时的拾取点对修剪的位置有影响，一般保留拾取点的线段，而超过倒角的线段将自动被修剪。

（3）对多段线倒角时，如果多段线的最后一段和开始点是相连而不封闭，则该多段线的第一个顶点将不会被倒圆角。

实例　用两种不同的修剪模式将直线 A 和直线 B 连接起来，距离为 50，角度为 45°，如

图 6-37（a）所示。

      (a) 原图   (b) 修剪模式   (c) 不修剪模式

图 6-37　倒角

【操作过程】

命令：_chamfer
（"修剪"模式) 当前倒角距离 1 = 10.0000，距离 2 = 10.0000

选择第一条直线或[放弃(U)/多段线(P)/距离(D)/角度(A)/修剪(T)/方式(E)/多个(M)]：D 回车	进行距离设置
指定第一个倒角距离 <10.0000>：20	**输入第一个倒角距离为 20**
指定第二个倒角距离 <20.0000>：	**默认第二个倒角距离为 20**
选择第一条直线或[放弃(U)/多段线(P)/距离(D)/角度(A)/修剪(T)/方式(E)/多个(M)]：A 回车	进行角度设置
指定第一条直线的倒角长度 <20.0000>：	**回车默认**
指定第一条直线的倒角角度 <0>：45	**指定角度为 45°**
选择第一条直线或[放弃(U)/多段线(P)/距离(D)/角度(A)/修剪(T)/方式(E)/多个(M)]：	**点取第一条直线**
选择第二条直线：	**点取第二条直线**
命令：	**结果如图 6-37(b) 所示**

命令：_chamfer
（"修剪"模式) 当前倒角长度 = 20.0000，角度 = 45

选择第一条直线或[放弃(U)/多段线(P)/距离(D)/角度(A)/修剪(T)/方式(E)/多个(M)]：T 回车	进行修剪模式设置
输入修剪模式选项[修剪(T)/不修剪(N)] <修剪>：n 回车	**设为不修剪模式**
选择第一条直线或[放弃(U)/多段线(P)/距离(D)/角度(A)/修剪(T)/方式(E)/多个(M)]：	**点取第一条直线**
选择第二条直线：	**点取第二条直线**
命令：	**结果如图 6-37（c）所示。**

十七、圆角

给对象加圆角，可以对圆弧、圆、椭圆、椭圆弧、直线、多段线、射线、样条曲线和构造线执行圆角操作。还可以对三维实体和曲面执行圆角操作。如果选择网格对象执行圆角操作，可以选择在继续进行操作之前将网格转换为实体或曲面。

命令　FILLET
菜单　修改→圆角
工具栏

命令及提示

命令：_fillet

当前设置：模式 = 修剪，半径 = 0.0000

选择第一个对象或[放弃(U)/多段线(P)/半径(R)/修剪(T)/多个(M)]：

选择第二个对象，或按住 Shift 键选择对象以应用角点或[半径(R)]：

参数说明

（1）选择第一个对象：选择倒圆角的第一个对象。

（2）选择第二个对象：选择倒圆角的第二个对象。

（3）放弃（U）：恢复在命令中执行的上一个操作。

（4）多段线（P）：对多段线进行倒圆角。

（5）半径（R）：更改当前半径值，输入的值将成为后续 FILLET 命令的当前半径。修改此值并不影响现有的圆角圆弧。

（6）修剪（T）：设定修剪模式。如果设置成修剪模式，则不论两个对象是否相交或不足，均自动进行修剪。如果设定成不修剪，则仅仅增加一条指定半径的圆弧。

（7）多个（M）：控制 FILLET 是否将选定的边修剪到圆角圆弧的端点。

技巧 （1）如果将圆角半径设置为 0，则在修剪模式下，点取不平行的两条直线，它们将会自动准确相交。

（2）如果为修剪模式，拾取点时应点取要保留的那一部分，让另一段被修剪。

（3）倒圆角命令不仅适用于直线，对圆和圆弧以及直线之间同样可以倒圆角。

（4）对多段线倒圆角时，如果多段线本身是封闭的，则在每一个顶点处自动倒圆角。如果多段线的最后一段和开始点是相连而不封闭，则该多段线的第一个顶点将不会被倒圆角。

实例 用两种不同的修剪模式将直线 A 和直线 B 连接起来，圆角半径为 50，如图 6-38（a）所示。

| (a) 原图 | (b) 修剪模式 | (c) 不修剪模式 |

图 6-38　圆角

【操作过程】

命令：_fillet

当前模式：模式 = 修剪，半径 = 10.0000

选择第一个对象或[放弃(U)/多段线(P)/半径(R)/修剪(T)/多个(M)]：R 回车

　　　　　　　　　　　　　　　　　　　　　　　　指定圆角半径

指定圆角半径 <10.0000>：50 回车

选择第一个对象或[放弃(U)/多段线(P)/半径(R)/修剪(T)/多个(M)]：**点取直线 *A***

选择第二个对象：　　　　　　　　　　　　　　　　**点取直线 *B***

命令：

命令：_fillet　　　　　　　　　　　　　　　　　　**结果如图 6-38 (b) 所示**

当前模式：模式 = 修剪，半径 = 10.0000

选择第一个对象或[放弃(U)/多段线(P)/半径(R)/修剪(T)/多个(M)]：R 回车

指定圆角半径 <10.0000>：50 回车

选择第一个对象或[放弃(U)/多段线(P)/半径(R)/修剪(T)/多个(M)]：T回车　更改修剪模式

输入修剪模式选项[修剪(T)/不修剪(N)]　<修剪>：N回车　设置为不修剪

选择第一个对象或[放弃(U)/多段线(P)/半径(R)/修剪(T)/多个(M)]：　点取直线A

选择第二个对象：　点取直线B

命令：　结果如图6-38(c)所示

注意：对象之间可以有多个圆角存在，一般选择靠近期望的圆角端点的对象倒角，选择对象的位置对圆角的影响如图6-39所示。

选择点　　　结果(半径大于0)

图6-39　选择对象的位置对圆角的影响

十八、光顾曲线

用于在两条选定直线或曲线之间的间隙中创建样条曲线。选择端点附近的每个对象，生成的样条曲线的形状取决于指定的连续性，选定对象的长度保持不变。有效对象包括直线、圆弧、椭圆弧、螺旋、开放的多段线和开放的样条曲线。

命令　BLEND

菜单　修改→光顾曲线

工具栏

命令及提示

命令：_blend

连续性 = 相切

选择第一个对象或[连续性(CON)]：

选择第二个点：

实例　在如图6-40（a）所示的两圆弧中间创建样条曲线，如图6-40（b）所示。

(a)　　　(b)

图6-40　光顾曲线

【操作过程】

命令：_blend

连续性 = 相切

选择第一个对象或[连续性(CON)]：　　　**点击左边圆弧右端点**

选择第二个点：　　　　　　　　　　　　**点击右边圆弧左端点**

十九、分解

块、多段线、尺寸和图案填充等对象是一个整体。如果要对其中单一的元素进行编辑，普通的编辑命令无法实现。但如果将这些对象分解成若干个单独的对象，就可以采用普通的编辑命令进行修改了。

命令　EXPLODE（X）

菜单　修改→分解

工具栏

命令及提示

命令：_explode

选择对象：

参数说明

选择对象：选择要分解的对象，可以是块、多线、多段线等。

实例　将一对象分解成元素，如图 6-41 所示。

【操作过程】

命令：x/explode

选择对象：　　　　　　　　**点取对象如图 6-41（a）所示**

找到 1 个

选择对象：　　　　　　　　**回车结束命令**

再点取 1 点则如图 6-41（b）所示

(a)　　　　　　(b)

图 6-41　分解示例

二十、编辑多线

"编辑多线"命令可以对多线的交接、断开、形体进行控制和编辑。由于多线是一个整体，除可以将其作为一个整体编辑外，对其特征能用"多线编辑"命令。

命令　MLEDIT

菜单　修改→对象→多线

选项及说明

启用"多线编辑"命令，弹出"多线编辑工具"对话框，它形象地显示出了多线的编辑方式。点取相应的图形按钮，就选择不同的编辑方式，如图 6-42 所示：以四列显示样例图像。第一列控制交叉的多线，第二列控制 T 形相交的多线，第三列控制角点结合和顶点，第四列控制多线中的打断。

十字闭合：在这交叉口中，第一条多线保持原样不变，第二条多线被修剪成与第一条多线分离的形状，如图 6-43 所示。

图 6-42　多线编辑工具

选定的第一条多线　　　选定的第二条多线　　　结果

图 6-43　多线编辑——十字闭合

十字打开：在这交叉口中，第一条多线保持原样不变，第二条多线的外边的线被修剪到与第一条多线交叉的位置，内侧的线保持原状，如图 6-44 所示。

选定的第一条多线　　　选定的第二条多线　　　结果

图 6-44　多线编辑——十字打开

十字合并：在这交叉口中，第一条多线和第二条多线的所有直线都修剪到交叉部分，如图 6-45 所示。

选定的第一条多线　　　选定的第二条多线　　　结果

图 6-45　多线编辑——十字合并

T 型闭合：第一条多线被修剪或延长到与第二条多线相接为止，第二条多线保持原样，如图 6-46 所示。

选定的第一条多线　　选定的第二条多线　　结果

图 6-46　多线编辑——T 型闭合

T 型打开：第一条多线被修剪或延长到与第二条多线相接为止，第二条多线的最外部的线则被修剪到与第一条多线交叉的部分，如图 6-47 所示。

选定的第一条多线　　选定的第二条多线　　结果

图 6-47　多线编辑——T 型打开

T 型合并：第一条多线被修剪或延长到与第二条多线相接为止，第二条多线被修剪到与第一条多线交叉的部分，如图 6-48 所示。

选定的第一条多线　　选定的第二条多线　　结果

图 6-48　多线编辑——T 型合并

角点结合：可以为两条多线生成一角连线，即将多线修剪或延伸到它们的交点处，如图 6-49 所示。

选定的第一条多线　　选定的第二条多线　　结果

图 6-49　多线编辑——角点结合

添加顶点：向多线上添加一个顶点，可以对一个有弯曲的多线产生与 "Straightening out" 相同的效果，如图 6-50 所示。

删除顶点：从多线上删除一个顶点，如图 6-51 所示。

单个剪切：在选定多线元素中创建可见打断，通过两个拾取点引入多线中的一条线的可见间断，如图 6-52 所示。

图 6-50　多线编辑——添加顶点　　　图 6-51　多线编辑——删除顶点

选定的第一条多线　　　选定的第二点　　　结果

图 6-52　多线编辑——单个剪切

全部剪切：通过两个拾取点引入多线的所有线上的可见间断，如图 6-53 所示。

选定的第一条多线　　　选定的第二点　　　结果

图 6-53　多线编辑—全部剪切

全部结合：将已被剪切的多线线段重新接合起来。除去平行多线中在两个拾取点间的所有间断，但它不能用来把两个单独的多线连接成一体。

（a）　　　　　（b）

图 6-54　多线编辑

技巧　在对多线进行修改时，依次点取两条多线的顺序一定是先点一条多线的外侧，再点另一条多线的内侧。

实例　将如图 6-54（a）所示多线修改成如图 6-54（b）所示的形式。

【操作过程】

① 命令：mledit　　　调出"多线编辑"对话框
② 选择开放式 T 型交叉按钮，依次对上、下、左、右四个交叉口进行修改。
③ 选择开放式十字交叉按钮，对中间的交叉口进行修改。

二十一、编辑多段线

多段线是一个对象，可以采用多段线专用的编辑命令来编辑。编辑多段线，可以修改其宽度、开口或封闭、增减顶点数、样条化、直线化和拉直等。编辑多段线的常见用途包含合并二维多段线、将线条和圆弧转换为二维多段线以及将多段线转换为近似 B 样条曲线的曲线（拟合多段线）。

命令　PEDIT（PE）
菜单　修改→对象→多段线
工具栏　

编辑多段线
编辑多段线和三维多边形网格

PEDIT
按 F1 键获得更多帮助

命令及提示

命令：pedit

选择多段线或[多条(M)]：

输入选项[闭合(C)/合并(J)/宽度(W)/编辑顶点(E)/拟合(F)/样条曲线(S)/非曲线化(D)/线型生成(L)/反转(R)/放弃(U)]：

技巧　（1）用 PEDIT 命令可以对矩形、正多边形、图案填充等命令产生的边界进行修改。

（2）可用合并命令将未闭合的圆弧闭合成圆。

（3）在选择多段线的提示下输入 M，可同时选择多条多段线、多段线形体或可变为多段线的形体进行调整编辑。

注意　（1）修改线宽后，要用重生成命令（REGEN）才能看到改变效果。

（2）拟合选项不能控制多段线的曲线拟合方式，但可用顶点编辑中的移动和切向选项来控制。

实例　如图 6-55 所示，将由直线和圆弧组成的图形合并成多段线，并将其的宽度设置为 0.5，拟合成样条曲线，如图 6-55（a）所示。

（a）　　　　　　　　　　　　　　　　　　（b）

图 6-55　多段线编辑

【操作过程】

命令：pedit

选择多段线或[多条(M)]：　　　　　　　　　**点击其中一条直线**

选定的对象不是多段线

是否将其转换为多段线？<Y>　　　　　　　**先要把直线和圆弧转换为多段线**

输入选项[闭合(C)/合并(J)/宽度(W)

/编辑顶点(E)/拟合(F)/样条曲线(S)/非曲线化(D)/线型生成(L)/放弃(U)]：J

　　　　　　　　　　　　　　　　　执行合并选项

选择对象：找到 1 个　　　　　　　　　　　**点击第一条直线**

选择对象：找到 1 个，总计 2 个　　　　　　**点击第二条直线**

选择对象：找到 1 个，总计 3 个　　　　　　**点击第三条直线**

选择对象：找到 1 个，总计 4 个　　　　　　**点击第四条直线**

选择对象：找到 1 个，总计 5 个　　　　　　**点击圆弧**

选择对象：　　　　　　　　　　　　　　　**回车结束选择对象**

4 条线段已添加到多段线　　　　　　　　　**系统提示已将四条线段转换为多段线**

输入选项[闭合(C)/合并(J)/宽度(W)

/编辑顶点(E)/拟合(F)/样条曲线(S)/非曲线化(D)/线型生成(L)/放弃(U)]：w

　　　　　　　　　　　　　　　　　执行线宽选项

指定所有线段的新宽度：0.5　　　　　　　　**指定线宽为 0.5**

输入选项[闭合(C)/合并(J)/宽度(W)

/编辑顶点(E)/拟合(F)/样条曲线(S)/非曲线化(D)/线型生成(L)/放弃(U)]：f **执行拟合选项**
输入选项[闭合(C)/合并(J)/宽度(W)
/编辑顶点(E)/拟合(F)/样条曲线(S)/非曲线化(D)/线型生成(L)/放弃(U)]：　　**回车结束命令**
结果如图 6-55（b）所示。

二十二、编辑样条曲线

样条曲线可以通过 SPLINEDIT 命令来编辑其数据点或通过点，修改样条曲线的参数或
将样条拟合多段线转换为样条曲线。

命令 SPLINEDIT
工具栏

菜单 修改→对象→样条曲线
命令及提示

命令：_splinedit
选择样条曲线：
输入选项[闭合(C)/合并(J)/拟合数据(F)/编辑顶点(E)/转换为多段线(P)/反转(R)/放弃(U)/
退出(X)] <退出>：

二十三、特性编辑

1. 特性匹配

如果要将选定对象的特性应用于其他对象上，通过特性匹配命令可以快速实现。可应
用的特性类型包含颜色、图层、线型、线型比例、线宽、打印样式、透明度和其他指定的
特性。

命令 MATCHPROP
菜单 修改→特性匹配
工具栏

命令及提示

命令：matchprop
选择源对象：
当前活动设置：颜色 图层 线型 线型比例 线宽 透明度 厚度 打印样式 标注 文字 图案填充 多段线
视口 表格材质 阴影显示 多重引线
选择目标对象或[设置(S)]：
参数说明
（1）选择源对象：该对象的全部或部分特性是要被复制的特性。
（2）选择目标对象：该对象的全部或部分特性是要改动的特性。
（3）设置（S）：设置复制的特性，输入该参数后，将弹出"特性设置"对话框，如图
6-56 所示。

图 6-56　"特性设置"对话框

在该对话框中，包含了不同的特性复选框，可以选择其中的部分或全部特性作为要复制的特性，其中灰色的是不可选中的特性。

实例　将图 6-57 中矩形的特性除颜色外改成圆的特性。

（a）原图　　　　　　　　（b）修改　　　　　　　（c）结果

图 6-57　　特性匹配

【操作过程】

命令：'_matchprop

选择源对象：　　　　　　　　　　　　　**点取圆**

当前活动设置：颜色 图层 线型 线型比例

线宽 透明度 厚度 打印样式 标注 文字 图案填充 多段线 视口 表格材质 阴影显示 多重引线

选择目标对象或[设置(S)]：S　　　　　**在弹出的对话框中将颜色复选框取消**

当前活动设置：颜色 图层 线型 线型比例 线宽 透明度 厚度 打印样式 标注 文字 图案填充 多段线 视口 表格材质 阴影显示 多重引线

选择目标对象或[设置(S)]：　　　　　　**点取矩形**

选择目标对象或[设置(S)]：　　　　　　**回车结束特性修改**

2．特性修改

特性修改有 CHPROP 和 CHANGE 两个命令，两个命令中的 P 参数功能基本相同。可以修改所选对象的颜色、图层、线型、位置等特性。

（1）CHPROP 命令

命令及提示

命令：chprop

选择对象：找到 1 个

输入要更改的特性[颜色(C)/图层(LA)/线型(LT)/线型比例(S)/线宽(LW)/厚度(T)/透明度(TR)/材质(M)/注释性(A)]：

实例　修改某对象的颜色。

【操作过程】

命令：CHPROP

选择对象：找到 1 个　　　　　　　　　　　　**点取要修改的对象**

选择对象：　　　　　　　　　　　　　　　　**回车结束对象选择**

输入要更改的特性[颜色(C)/图层(LA)/线型(LT)/线型比例(S)/线宽(LW)/厚度(T)/透明度(TR)/材质(M)/注释性(A)]：C　　　　　　　　**进入颜色修改**

输入新颜色 <随层>：RED　　　　　　　　　**输入目标颜色**

输入要更改的特性[颜色(C)/图层(LA)/线型(LT)/线型比例(S)/线宽(LW)/厚度(T)/透明度(TR)/材质(M)/注释性(A)]：　　　　　　　**回车结束特性修改**

（2）CHANGE 命令

命令及提示

命令：change

选择对象：找到 1 个

选择对象：

指定修改点或[特性(P)]：P

输入要更改的特性[颜色(C)/标高(E)/图层(LA)/线型(LT)/线型比例(S)/线宽(LW)/厚度(T)/透明度(TR)/材质(M)/注释性(A)]：

实例　将图示圆修改其半径使之通过 *A* 点，并将宽度改为 1。如图 6-58 所示。

（a）原图　　　　　（b）修改半径　　　　　（c）修改线宽

图 6-58　　特性修改

【操作过程】

命令：CHANGE

选择对象：找到 1 个　　　　　　　　　　　**选中圆为修改对象**

选择对象：指定修改点或[特性(P)]：　　　　**忽略特性修改，直接修改点**

指定新的圆半径 <不修改>：　　　　　　　　**捕捉到 A 点**

　　　　　　　　　　　　　　　　　　　　　结果如图 6-58(b) 所示

命令：change　　　　　　　　　　　　　　**重复命令**

选择对象：找到 1 个　　　　　　　　　　　**选中圆为修改对象**

选择对象：指定修改点或[特性(P)]：P　　　**进行特性修改**

输入要更改的特性[颜色(C)/标高(E)/图层(LA)/线型(LT)/线型比例(S)/线宽(LW)/厚度(T)/透明度(TR)/材质(M)/注释性(A)]：LW　　　　　**进行线宽修改**

输入新线宽 <随层>：1　　　　　　　　　　**设定线宽的值为 1**

输入要更改的特性[颜色(C)/标高(E)/图层(LA)/线型(LT)/线型比例(S)/线宽(LW)/厚度(T)/透明度(TR)/材质(M)/注释性(A)]：　　　**回车结束命令**

命令：<线宽 开>　　　　　　　　　　　　**点击状态栏上的线宽按钮，**

　　　　　　　　　　　　　　　　　　　　显示线宽结果如图 6-58(c) 所示

第七章　文本、表格与查询

第一节　文本标注与编辑

各类工程图样中除了具有相关的一系列图形外，还要有相关的文字。如标题栏、技术要求、钢筋材料表等内容。AutoCAD 为文字样式的设置、文字的注写、特殊文字的注写及文本编辑等提供了专门的命令。

一、设置文字样式

在不同的场合要使用到不同的文字样式，因此设置不同的文字样式是文字注写的首要任务。字型是具有大小、字体、倾斜度、文本方向等特性的文本样式。每种字型使用特定的字体，字体可预先设置其大小、倾斜度、文本方向、宽高比例因子等文本特性。当设置好文字样式后，可以利用该文字样式和相关的文字注写命令注写文字。

命令　STYLE（ST）

菜单　格式→文字样式

工具栏

执行该命令后，系统将弹出"文字样式"对话框，如图 7-1 所示。

图 7-1　"文字样式"对话框

在该对话框中，可以新建文字样式或修改已有的文字样式。该对话框包含了样式、预览、字体、大小、效果等区域。

1. 当前文字样式：列出当前文字样式，默认为"Standard"。
2. 样式：显示图形中的样式列表，样式名前的 ⚠ 图标指示样式是注释性。样式名最长可达 255 个字符，名称中可包含字母、数字和特殊字符，如美元符号（$）、下划线（_）和连字符（−）等。

3．预览：显示随着字体的更改和效果的修改而动态更改的样例文字。

4．字体：更改样式的字体，如果更改现有文字样式的方向或字体文件，当图形重生成时所有具有该样式的文字对象都将使用新值。

5．大小：更改文字的大小。

6．效果：修改字体的特性，例如高度、宽度因子、倾斜角以及是否颠倒显示、反向或垂直对齐。

7．置为当前：将在"样式"下选定的样式设定为当前。

8．新建：显示"新建文字样式"对话框并自动为当前设置提供名称"样式 n"（其中 n 为所提供样式的编号）。可以采用默认值或在该框中输入名称，然后选择"确定"使新样式名使用当前样式设置。

9．删除：删除未使用文字样式。

10．应用：将对话框中所做的样式更改应用到当前样式和图形中具有当前样式的文字。

实例　设置"AutoCAD 制图技术"文字样式。

【操作过程】

（1）在命令行中输入 STYLE（ST），弹出如图 7-1 所示"文字样式"对话框。

（2）点击"新建"按钮，输入"AutoCAD 制图技术"，按回车确定，如图 7-2 所示。

图 7-2　新建文字样式

（3）将字体名改为"仿宋 GB2312"，字体样式不变，文字高度为 0；设置宽度比例为 0.7，如图 7-3 所示。

图 7-3　"文字样式"对话框

（4）回车完成"AutoCAD 制图技术"文字样式的设置。

技巧　对于同一字体可以使用不同的高度。这要求在设置文字样式时高度为 0，只有这样才可以手动地调整文字高度。

如图 7-4 所示，表示了几种不同设置的文字样式效果。

图 7-4　文字样式效果

二、书写文字

文字书写命令分为单行文本输入 TEXT、DTEXT 命令和多行文本输入 MTEXT 命令。另外还可以将外部文本输入到 AutoCAD 中。

1．单行文本输入

在 AutoCAD 中，TEXT 或 DTEXT 命令功能相同，都可以用来输入单行文本。使用单行文字创建一行或多行文字，每行文字都是独立的对象，可对其进行重定位、调整格式或进行其他修改。

命令　TEXT

　　　　DTEXT（DT）

菜单　绘图→文字→单行文字

命令及提示

命令：text(dtext)
当前文字样式："AutoCAD 制图技术"　文字高度：2.5000　注释性：否 对正：左
指定文字的起点或[对正(J)/样式(S)]：
指定高度 <2.5000>：
指定文字的旋转角度 <0>：
(输入文字)

参数说明

（1）起点：指定文字对象的起点，缺省情况下对正点为左对齐。如果前面输入过文本，此处以回车响应起点提示，则跳过随后的高度和旋转角度的提示，直接提示输入文字，此时使用前面设定好的参数，同时起点自动定义为最后绘制的文本的下一行。

（2）对正（J）：输入对正参数，在出现的提示中可以选择文字对正选项，如图7-5所示。

图 7-5　文字对正

　　注意　左对齐是默认选项。要左对齐文字，不必在"对正"提示下输入选项。

　　（3）样式（S）：选择该选项，出现如下提示。

　　输入样式名——输入随后书写文字的样式名称。

　　? ——如果不清楚已经设定的样式，键入"?"则在命令窗口列表显示已经设定的样式。

　　实例　注写如图 7-6 所示文字。

AutoCAD制图技术
化学工业出版社

图 7-6　　注写文字

【操作过程】

命令：_text
当前文字样式："AutoCAD 制图技术"
文字高度：2.5000　注释性：否　对正：左
指定文字的起点或[对正(J)/样式(S)]：　　　　指定文字左下角点
指定高度 <2.5000>：20　　　　　　　　　　指定文字的高度为 20
指定文字的旋转角度 <0>：回车　　　　　　　不旋转文字
AutoCAD 制图技术　回车　　　　　　　　　　输入第一行文字
化学工业出版社　　　　　　　　　　　　　　输入第二行文字　回车结束命令

　　技巧　（1）在系统提示输入字型名时，这时输入"?"，将会列出当前字型的字体、高度等字型参数。

　　（2）TEXT 命令允许在输入一段文本后，退出此命令去做别的工作，然后又进入此命令继续前面的文字注写工作，特征是上次最后输入的文本会显亮，且字高、角度等文本特性承袭上次的设定。

　　2. 多行文字输入 MTEXT

　　在 AutoCAD 中可以一次输入多行文本，而且可以设定其中的不同文字具有不同的字体或样式、颜色、高度等特性。可以输入一些特殊字符，并可以输入堆叠式分数，设置不同的行距，进行文本的查找与替换，导入外部文件等等。多行文字对象和输入的文本文件最大为256 KB。

　　命令　MTEXT（T）

　　工具栏

多行文字…
创建多行文字对象

MTEXT
按 F1 键获得更多帮助

　　菜单　绘图→文字→多行文字

　　命令及提示

命令：_mtext
当前文字样式：" AutoCAD 制图技术"　文字高度：20　注释性：否

指定第一角点：

指定对角点或[高度(H)/对正(J)/行距(L)/旋转(R)/样式(S)/宽度(W)/栏(C)]：

参数说明

（1）指定第一角点：定义多行文本输入范围的一个角点。

（2）指定对角点：定义多行文本输入范围的另一个角点。

（3）高度（H）：用于设定矩形范围的高度。

（4）对正（J）：设置对正样式。

（5）行距（L）：设置行距类型。

（6）旋转（R）：指定旋转角度。

（7）样式（S）：指定文字样式。

（8）宽度（W）：定义矩形宽度。

（9）栏（C）：显示用于设置栏的选项，例如类型、列数、高度、宽度及栏间距大小。

在指定了矩形的两个角点后，如图 7-7 所示，系统将弹出"在位文字编辑器"对话框，输入文字的内容即可，如图 7-8 所示。"在位文字编辑器"对话框中可以对文字的样式、大小、颜色等进行修改。

图 7-7　指定多行文字的对角点

图 7-8　在位文字编辑器中输入文字

3．特殊文字的书写

在 AutoCAD 中有些字符是无法通过键盘输入的，这些字符为特殊字符。特殊字符主要包括：上划线、下划线、度符号（°）、直径符号、正负号等。在多行文本输入文字时可以输入特殊字符，在单行文字输入中，必须采用特定的编码来进行。

表 7-1 列出了以上几种特殊字符的代码，其大小可通用。

表 7-1　特殊字符的代码

代　　码	对 应 字 符
%%o	上划线
%%u	下划线
%%d	度
%%c	直径
%%p	正负号
%%%	百分号
%%nnn	ASCIInnn 码对应的字符

三、编辑文本

在 AutoCAD 中同样可以对已经输入的文字进行编辑修改。根据选择的文字对象是单行文本还是多行文本的不同，弹出相应的对话框来修改文字。如果采用特性编辑器，还可以同时修改文字的其他特性。

命令　DDEDIT

菜单　修改→对象→文字

工具栏

执行文字编辑命令后，首先要求选择欲修改编辑的文字，如果选择的对象是单行文字，则直接在屏幕上修改即可。

如果选择的对象是多行文字，则弹出"在位文字编辑器"对话框，操作和输入多行文字与前面介绍相同。

此外，还可以选择"比例"、"对正"选项更改相应选项。

四、查找与替换文本

对文字内容进行编辑时，如果当前输入的文本较多，不便于快速查找和修改内容，可以通过使用 AutoCAD 中的查找与替换功能轻松查找和替换文字。

命令　FIND

菜单　编辑→查找

工具栏

打开"查找和替换"对话框，按折叠按钮 后全部展开，如图 7-9 所示。

图 7-9 查找和替换

该对话框指定要查找、替换或选择的文字和控制搜索的范围及结果。对话框包含了查找内容、替换为、查找位置、搜索选项和文字类型等区域。

1．查找内容：指定要查找的字符串，输入包含任意通配符的文字字符串，或从列表中选择最近使用过的六个字符串的其中之一。

2．替换为：指定用于替换找到文字的字符串。输入字符串，或从列表中最近使用过的六个字符串中选择一个。

3．查找位置：指定是搜索整个图形、当前布局还是搜索当前选定的对象。

4．"选择对象"按钮：暂时关闭对话框，允许用户在图形中选择对象。

5．列出结果：在显示位置（模型或图纸空间）、对象类型和文字的表格中列出结果，可以按列对生成的表格进行排序。

6．搜索选项：定义要查找的对象和文字的类型。

7．文字类型：指定要包括在搜索中的文字对象的类型。默认情况下，选定所有选项。

实例 如图 7-10（a）所示文字替换为如图 7-10（b）所示。

AUTOCAD建筑丛书　　AutoCAD建筑丛书

　　（a）　　　　　　　　　　　　　（b）

图 7-10　文字替换

【操作过程】

1．在命令行输入 FIND 或选择下拉菜单"编辑"→"查找"，打开如图 7-9 所示的"查找和替换"对话框。在"查找内容"中输入"AUTO"，在"替换为"中输入"Auto"，如图 7-11 所示。

图 7-11　输入查找和替换的文字

2. 单击 全部替换(A) ，弹出如图 7-12 所示的完成提示，单击 确定 ，系统又返回到 "查找和替换" 对话框，单击 完成 即可。

图 7-12　查找和替换完成提示

第二节　表格与编辑

工程图样中常常要绘制各类表格，如标题栏、零件明细表、材料用量表等。在 AutoCAD 的较低版本中，用户只能通过各种命令来绘制表格。在较高版本中，可以通过插入表格的方法快速、准确完成表格的绘制，也可以用专门的命令编辑表格。

一、设置表格样式

设置当前表格样式，以及创建、修改和删除表格样式。

命令　TABLESTYLE

菜单　格式→表格样式

执行该命令后，系统将弹出 "表格样式" 对话框，如图 7-13 所示。

图 7-13　表格样式

（1）当前表格样式：显示应用于所创建表格的表格样式的名称。

（2）样式：显示表格样式列表。当前样式被亮显。

（3）列出：控制 "样式" 列表的内容。

（4）预览：显示 "样式" 列表中选定样式的预览图像。

图 7-14　创建新表格样式

（5）置为当前：将 "样式" 列表中选定的表格样式设定为当前样式。所有新表格都将使用此表格样式创建。

（6）新建：显示 "创建新的表格样式" 对话框，如图 7-14 所示。从中可以定义新的表格样式，比如 "AutoCAD 制图技术"。单击 继续 ，又弹出 "新建表格样式" 对话框，如图 7-14 所示。在此可以定义新的表格样式。

（7）修改：显示"修改表格样式"对话框，如图 7-15 所示，从中可以修改表格样式。

（8）删除：删除"样式"列表中选定的表格样式。不能删除图形中正在使用的样式。

图 7-15　新建表格样式

图 7-15 和图 7-16 所示的样式内容是一样的：定义新的表格样式或修改现有表格样式。

（1）起始表格：用户可以在图形中指定一个表格用作样例来设置此表格样式的格式，选择表格后，可以指定要从该表格复制到表格样式的结构和内容。

（2）常规：表格方向用来设置表格方向。"向下"将创建由上而下读取的表格。"向上"将创建由下而上读取的表格。

图 7-16　修改表格样式

（3）预览：显示当前表格样式设置效果的样例。

（4）单元样式：定义新的单元样式或修改现有单元样式，可以创建任意数量的单元样式。

"常规"选项卡：如图 7-16 所示，可以指定单元的背景色、设置表格单元中文字的对正和对齐方式、为表格中的"数据"、"列标题"或"标题"行设置数据类型和格式等。

"文字"选项卡：如图 7-17 所示，列出了可用的文本样式、点击"文字样式"按钮在"文字样式"对话框中可以创建或修改文字样式、设定文字高度、颜色、角度等。

图 7-17　修改表格样式——"文字"选项卡

"边框"选项卡：如图 7-18 所示，通过单击边界按钮，可设置将要应用于指定边界的线宽、线型、颜色、双线以及控制单元边框的外观等。

图 7-18　修改表格样式——"边框"选项卡

（5）单元样式预览：显示当前表格样式设置效果的样例。

二、插入表格

表格是在行和列中包含数据的复合对象，完成表格样式设定后，即可根据设置的表格样式创建表格，并在表格内输入相应的内容，还可以将表格链接至 Microsoft Excel 电子表格中的数据。

命令　TABLE

菜单　绘图→表格

工具栏

表格...
创建空的表格对象

TABLE
按 F1 键获得更多帮助

系统将弹出"插入表格"对话框，在此可以创建空的表格对象，如图 7-19 所示。

图 7-19　插入表格

（1）表格样式：在要从中创建表格的当前图形中选择表格样式。通过单击下拉列表旁边的按钮，用户可以创建新的表格样式。

（2）插入选项：指定插入表格的方式。

（3）预览：控制是否显示预览。如果从空表格开始，则预览将显示表格样式的样例。如果创建表格链接，则预览将显示结果表格。处理大型表格时，清除此选项以提高性能。

（4）插入方式：指定表格位置。

（5）列和行设置：设置列和行的数目和大小。

（6）设置单元样式：对于那些不包含起始表格的表格样式，请指定新表格中行的单元格式。

实例　创建一个样式为"桥面各点标高表"的 10 行 6 列表格，行高为 20，列宽为 60，如图 7-20 所示。

【操作过程】

① 在命令行输入 table 或单击下拉菜单"绘图"→"表格"或单击"绘图"工具栏上的按钮，弹出如图 7-19 所示的"插入表格"对话框；

② 点击"插入表格"对话框中"表格样式"按钮，弹出如图 7-13 所示的"表格样式"对话框；

图 7-20　"钢筋用量表"表格

③ 点击"表格样式"对话框中的 新建(N)… 按钮，弹出"创建新表格样式"对话框，将新样式命名为"桥面各点标高表"，如图 7-21 所示；

④ 点击"创建新表格样式"对话框中的 继续 按钮，弹出的"新建表格样式"对话框，分别将"数据"、"表头"、"标题"文字高度改为 10，如图 7-22 所示；

⑤ 单击"新建表格样式"对话框中 确定 按钮，回到"表格样式"对话框中，单击 置为当前(U) 按钮，再单击 关闭 按钮，回到"插入表格"对话框中；

⑥ 在"插入表格"对话框中设置题目要求的各项参数，如图 7-23 所示；

图 7-21　"桥面各点标高表"样式

图 7-22　"新建表格样式"中修改参数

图 7-23　"插入表格"中修改参数

⑦ 单击"插入表格"对话框中　确定　按钮，屏幕出现带有插入点的表格，在屏幕上指定点插入后点击鼠标左键，弹出"文字格式编辑器"，如图 7-24 所示，单击 确定 按钮，完成操作。

图 7-24　文字格式编辑器

注意: 如果在"文字格式编辑器"中输入文字，如图 7-25 所示，然后再单击 确定 按钮，即完成了默认表格标题的文字书写，如图 7-26 所示。

图 7-25　"文字格式编辑器"中输入文字

图 7-26　有标题的表格

三、编辑表格

表格创建完成后，用户可以单击该表格上的任意网格线以选中该表格，然后修改该表格。

1．在命令行输入 TABLEDIT 命令

【操作过程】

命令：tabledit　　回车　　　**调入编辑表格命令**
拾取表格单元：　　　　　　　**在屏幕上点击要编辑的单元格**

屏幕出现如图 7-24 所示的"文字格式编辑器"，可以编辑。

2．用鼠标左键直接双击表格，也出现"文字格式编辑器"，可以编辑。

3．用鼠标左键直接单击表格，出现如图 7-27 所示的"表格编辑器"，可以编辑表格的各项参数，比如宽度、高度、合并、打断等。

图 7-27　"表格编辑器"编辑表格

表格呈编辑状态后，即可移动光标在表格之间进行切换，对任意表格单元进行编辑，然

后单击 确定 按钮，完成编辑处理。

第三节 对 象 查 询

查询命令提供了在制图或编辑过程中的下列功能：了解对象的数据信息，计算某表达式的值，计算距离、面积、质量特性，识别点的坐标等。

一、距离

通过距离命令可以直接查询屏幕上两点之间的距离、和 XY 平面的夹角、在 XY 平面中倾角以及 X、Y、Z 方向上的增量。

命令 MEASUREGEOM

菜单 工具→查询→距离

工具栏

距离
测量两点之间或多段线上的距离

MEASUREGEOM
按 F1 键获得更多帮助

命令及提示

1. 直接用键盘输入命令 "DIST"：

命令: dist
指定第一点：
指定第二个点或[多个点(M)]：

2. 单击菜单或命令按钮 ：

命令: _measuregeom
输入选项[距离(D)/半径(R)/角度(A)/面积(AR)/体积(V)] <距离>：

（1）距离（D）：测量指定点之间的距离。

（2）半径（R）：测量指定圆弧或圆的半径和直径。

（3）角度（A）：测量指定圆弧、圆、直线或顶点的角度。

（4）面积（AR）：测量对象或定义区域的面积和周长，但无法计算自交对象的面积。

（5）体积（V）：测量对象或定义区域的体积。

图 7-28 测量两点间的距离

实例 查询如图 7-28 所示图形中 A 点到 B 点之间的距离。

【操作过程】

命令: dist
指定第一点：   点取 **A** 点
指定第二个点或[多个点(M)]：   点取 **B** 点
距离 = 444.2556，XY 平面中的倾角 = 349，与 XY 平面的夹角 = 0
X 增量 = 436.3677，Y 增量 = -83.3443，   Z 增量 = 0.0000

二、半径

命令 MEASUREGEOM

菜单 工具→查询→半径

工具栏　

实例　查询如图 7-28 所示图形中圆的直径。

【操作过程】

命令：_measuregeom

输入选项[距离(D)/半径(R)/角度(A)/面积(AR)/体积(V)] <距离>：_radius **选择半径**

选择圆弧或圆：　　　　　　　　　　　　　　　　　　**选择要度量的圆**

半径 = 158.4309

直径 = 316.8619

输入选项[距离(D)/半径(R)/角度(A)/面积(AR)/体积(V)/退出(X)] <半径>：　**按 ESC 结束**

三、角度

命令　MEASUREGEOM

菜单　工具→查询→角度

工具栏　

实例　查询如图 7-29 所示图形中 β 角的大小。

图 7-29　测量角度

【操作过程】

命令：_measuregeom

输入选项[距离(D)/半径(R)/角度(A)/面积(AR)/体积(V)]<距离>：_angle **选择角度**

选择圆弧、圆、直线或 <指定顶点>：　　　　　　　**指定角度的起点**

选择第二条直线：　　　　　　　　　　　　　　　　**指定角度的终点**

角度 = 50°　　　　　　　　　　　　　　　　　　**自动测量并显示角度值**

输入选项[距离(D)/半径(R)/角度(A)/面积(AR)/体积(V)/退出(X)]<角度>：**按 ESC 结束**

四、面积

命令　MEASUREGEOM

菜单　工具→查询→面积

工具栏　

实例　查询如图 7-29 所示图形面积的大小。

【操作过程】

命令：_measuregeom

输入选项[距离(D)/半径(R)/角度(A)/面积(AR)/体积(V)] <距离>：_area **选择面积**

指定第一个角点或[对象(O)/增加面积(A)/减少面积(S)/退出(X)] <对象(O)>：

　　　　　　　　　　　　　　　　　　指定图形的一个角点

指定下一个点或[圆弧(A)/长度(L)/放弃(U)]：　　(按顺时针或逆时针方向) 依次指定第二点

指定下一个点或[圆弧(A)/长度(L)/放弃(U)]:　　　　(按顺时针或逆时针方向)依次指定第三点

指定下一个点或[圆弧(A)/长度(L)/放弃(U)/总计(T)] <总计>:

　　　　　　　　　　　　　　　　　　　　　　　(按顺时针或逆时针方向)依次指定第四点

指定下一个点或[圆弧(A)/长度(L)/放弃(U)/总计(T)] <总计>:

　　　　　　　　　　　　　　　　　　　　　　　(按顺时针或逆时针方向)依次指定第五点

指定下一个点或[圆弧(A)/长度(L)/放弃(U)/总计(T)] <总计>:

　　　　　　　　　　　　　　　　　　　　　　　(按顺时针或逆时针方向)依次指定第六点

指定下一个点或[圆弧(A)/长度(L)/放弃(U)/总计(T)] <总计>:

　　　　　　　　　　　　　　　　　　　　　　　回车

区域 = 44977.8307,周长 = 1079.7607　　　　**自动测量并显示面积值**

输入选项[距离(D)/半径(R)/角度(A)/面积(AR)

/体积(V)/退出(X)] <面积>:　　　　　　　　　**按 ESC 结束**

五、体积

命令　MEASUREGEOM

菜单　工具→查询→体积

工具栏

体积
测量体积

MEASUREGEOM
按 F1 键获得更多帮助

图 7-30　测量体积

实例　查询如图 7-30 所示截面的三棱柱体积的大小,三棱柱高度为 100。

【操作过程】

命令:_measuregeom

输入选项[距离(D)/半径(R)/角度(A)/面积(AR)/体积(V)] <距离>: _volume **选择体积**

指定第一个角点或[对象(O)/增加体积(A)/减去体积(S)/退出(X)] <对象(O)>:

　　　　　　　　　　　　　　　　　　　　　　　指定截面的第一角点

指定下一个点或[圆弧(A)/长度(L)/放弃(U)]:　　　指定截面的第二角点

指定下一个点或[圆弧(A)/长度(L)/放弃(U)]:　　　指定截面的第三角点

指定下一个点或[圆弧(A)/长度(L)/放弃(U)/总计(T)] <总计>:　回车

指定高度: 100　　　　　　　　　　　　　　　　输入高度数值

体积 = 985545.3688　　　　　　　　　　　　　自动测量并显示体积值

输入选项[距离(D)/半径(R)/角度(A)/面积(AR)/体积(V)/退出(X)] <体积>:　按 "ESC" 结束

六、体积面域/质量特性

命令　MASSPROP

菜单　工具→查询→面域/质量特性

工具栏

面域/质量特性
计算面域或三维实体的质量特性

MASSPROP
按 F1 键获得更多帮助

实例　查询如图 7-30 所示三角形截面质量特性。

注意　MASSPROP 是计算面域或三维实体的质量特性,所以一般的平面图形先要转换成面域才能查询质量特性。

【操作过程】

命令：_region	调用"面域"命令
选择对象：找到 1 个	指定三角形第一个角点
选择对象：找到 1 个，总计 2 个	指定三角形第二个角点
选择对象：找到 1 个，总计 3 个	指定三角形第三个角点
选择对象：	回车
已提取 1 个环。	
已创建 1 个面域。	**系统提示面域创建完成**
命令：_massprop	调用"面域/质量特性"命令
选择对象：找到 1 个	单击刚创建的面域
选择对象：	**回车后出现文本窗口显示以下信息**

```
----------------      面域      ----------------


面积：              9855.4537
周长：              516.1199
边界框：       X: 2090.4378  --  2319.6585
               Y: 1143.9343  --  1229.9252
质心：         X: 2201.2155
               Y: 1201.2616
惯性矩：       X: 14225758199.5598
               Y: 47774766570.5352
惯性积：       XY: 26060682869.9642
旋转半径：     X: 1201.4326
               Y: 2201.7144
主力矩与质心的 X-Y 方向：
               I: 4032009.3335 沿[0.9995 0.0307]
               J: 21665125.1313 沿[-0.0307 0.9995]
```

是否将分析结果写入文件？[是(Y)/否(N)] <否>：**回车 (不写入操作)**

列表显示可以将选择的图形对象的类型 、所在空间、图层、大小、位置等特性在文本窗口中显示。

七、列表

命令　LIST

菜单　工具→查询→列表

工具栏　

命令及提示

命令：_list

选择对象：

参数说明

选择对象：选择欲查询的对象。

实例 查询如图 7-31 所示两直线是否相交。

【操作过程】

命令：_list   调用"列表"命令   图 7-31 列表

选择对象：找到 1 个   选择一条直线

选择对象：找到 1 个，总计 2 个   选择另一条直线

选择对象：   回车后出现文本窗口显示以下信息

直线   图层：0

空间：模型空间

线宽：0.30 毫米

句柄 = 272

自 点，X=2105.2444 Y=1223.6026 Z= 0.0000

到 点，X=2297.9243 Y=1317.0215 Z= 0.0000

长度 = 214.1323，在 XY 平面中的角度 = 26

增量 X = 192.6799，增量 Y = 93.4189，增量 Z = 0.0000

直线   图层：0

空间：模型空间

线宽：0.30 毫米

句柄 = 273

自 点，X=2131.7314 Y=1326.8823 Z= 0.0000

到 点，X=2312.4662 Y=1203.8809 Z= 0.0000

长度 = 218.6194，在 XY 平面中的角度 = 326

增量 X = 180.7348，增量 Y = −123.0015，增量 Z = 0.0000

结果显示两直线在同一个平面上，所以相交。

八、点坐标

命令 ID

菜单 工具→查询→点坐标

工具栏

定位点
显示点坐标
ID
按 F1 键获得更多帮助

命令及提示

命令：'_id

指定点：

参数说明

指定点：点取欲查其坐标的点。

实例 查询如图 7-31 所示两条直线交点的坐标。

【操作过程】

命令：'_id   调用"点坐标"命令

指定点：   点击两条直线交点

X = 2209.3336　　Y = 1274.0692　　Z = 0.0000

九、时间

时间命令可以显示图形的编辑时间，最后一次修改时间等信息。

命令　TIME

菜单　工具→查询→时间

命令及提示

命令：'_time

执行该命令后，将在文本窗口显示当前时间、图形编辑次数、创建时间、上次更新时间、累计编辑时间、经过计时器时间、下次自动保存时间等信息，并出现以下提示：

输入选项 [显示(D)开(ON)/关(OFF)/重置(R)]：

参数说明

（1）显示（D）：显示以上信息。

（2）开（ON）：打开计时器。

（3）关（OFF）：关闭计时器。

（4）重置（R）：将计时器重置为零。

十、状态

状态命令可以显示图形的显示范围、绘图功能、参数设置、磁盘空间利用情况等信息。

命令　STATUS

菜单　工具→查询→状态

命令及提示

命令：status

随即显示该文件中的对象个数、图形界限、显示范围、基点、捕捉分辨率、栅格间距、当前图层、当前颜色、当前线型、当前线宽、打印样式、当前标高、厚度、填充模式、栅格显示模式、正交模式、快速文字模式、捕捉模式、对象捕捉模式、可用图形文件磁盘空间、可用临时磁盘空间、可用物理内存、可用交换文件空间等信息。

十一、设置变量

变量在 AutoCAD 中扮演着十分重要的角色。变量值的不同直接影响着系统的运行方式和结果。熟悉系统变量是精通使用 AutoCAD 的前提。显示或修改系统变量可以通过 SETVAR 命令进行，也可以直接在命令提示后键入变量名称。在命令的执行过程中输入的参数或在对话框中设定的结果，都可以直接修改相应的系统变量。

命令　SETVAR

菜单　工具→查询→设置变量

命令及提示

命令：'_setvar

输入变量名或[?]：?

输入要列出的变量<*>：

参数说明

（1）变量名：输入变量名即可以查询该变量的设定值。

（2）?：输入问号"?"，则出现"输入要列出的变量<*>"的提示。直接回车后，将分页列表显示所有变量及其设定值。

第八章 尺寸标注与公差

第一节 样 式 设 置

图形只能表达形体的形状，形体的大小则依据图样上标注的尺寸来确定。尺寸标注是向图形中添加测量注释的过程，是制图的一项重要内容，是施工的依据，应严格遵照国家标准中的有关规定，保证所标注的尺寸完整、清晰、准确。

由于尺寸标注命令可以自动测量并标注图形，因此绘制的图形应力求准确，并善于运用目标捕捉、网点、正交、辅助线等辅助定位工具。

一、标注组成

尺寸由尺寸界线、尺寸线、起止符号和尺寸数字四部分组成，土建类图样如图 8-1 中（a）、（b）所示；机械类图样如图 8-1（c）所示。

(a) 土建类图样1

(b) 土建类图样2

(c) 机械类图样

图 8-1 尺寸的组成与标注示例

1. 尺寸界线：用细实线绘制，表示被注尺寸的范围。
2. 尺寸线：表示被注线段的长度。用细实线绘制，不能用其他图线代替。

3. 尺寸起止符号：土建类图样一般用中粗斜短线绘制，其倾斜方向与尺寸界线成顺时针45°角，高度（h）宜为 2～3mm。机械类图样采用箭头表示。半径、直径、角度与弧长的尺寸起止符号也用箭头表示，箭头尖端与尺寸界线接触，不得超出也不得分开。

系统提供了各种起止符号供用户选择，如图 8-2 所示。

4. 尺寸数字：表示被注尺寸的实际大小，它与绘图所选用的比例和绘图的准确程度无关。图样上的尺寸应以尺寸数字为准，不得从图上直接量取。

5. 引出线：引出线是一条用来引出注释参数或说明的实线。

图 8-2　起止符号形式

在一般情况下，AutoCAD 都将一个尺寸作为一个图块，即尺寸线、尺寸界线、起止符号和尺寸数字不是单独的实体，而是共同构成一个图块。因此通过对尺寸标注的拉伸，尺寸数字将相应的发生变化。同样，当尺寸样式发生变化时，以该样式为基础的尺寸标注也相应变化。尺寸标注的这种特性被称为尺寸的关联性。AutoCAD 通过系统变量 DIMASO 来控制尺寸是否关联。当 DIMASO＝0 时，所标注尺寸不具有关联性，也就是说，尺寸线、尺寸界线、起止符号和尺寸数字是各自独立的实体。此时拉伸尺寸标注，标注文字不再发生变化。

除了通过系统变量控制尺寸标注的关联性外，也可用 Expolde 命令炸开尺寸的关联性。

如果用 Ddedit 命令编辑尺寸文字，修改过的尺寸文本将不再具有关联性。

尺寸标注的类型有：线性标注、对齐标注、坐标标注、直径标注、半径标注、角度标注、基线标注、连续标注、引线标注和圆心标注等。

各种尺寸标注类型如图 8-3 所示。

图 8-3　尺寸标注类型

二、标注的规则

尺寸标注必须满足相应的技术标准。

1. 尺寸标注的基本规则

（1）图形对象的大小以尺寸数值所表示的大小为准，与图形绘制的精度和输出时的精度无关。

（2）一般情况下，采用 mm 为单位时不需注写单位，否则应该明确注写尺寸所用单位。

（3）尺寸标注所用字符的大小和格式必须满足国家标准。在同一图形中，同一类终端应该相同，尺寸数字大小应该相同，尺寸间隔应该相同。

（4）尺寸数字和图形重合时，必须将图线断开。如果图线不便于断开来表示对象时，应该调整尺寸标注的位置。

2．AutoCAD 中尺寸标注的其他规则

一般情况下，为了便于尺寸标注的统一和绘图的方便，在 AutoCAD 中尺寸标注时应该遵守以下规则。

（1）为尺寸标注建立专用的图层。建立专用的图层，可以控制尺寸的显示和隐藏，和其他的图线可以迅速分开，便于修改、浏览。

（2）为尺寸文本建立专门的文字样式。对照国家标准，应该设定好字符的高度、宽高比、倾斜角度等。

（3）设定好尺寸标注样式。按照国家标准，创建系列尺寸标注样式，内容包含直线和终端、文字样式、调整对齐特性、单位、尺寸精度、公差格式和比例因子等。

（4）保存尺寸格式，必要时使用替代标注样式。

（5）采用 1：1 比例绘图。由于尺寸标注时可以让 AutoCAD 自动测量尺寸大小，所以采用 1：1 比例绘图，绘图时无需换算，在标注尺寸时也无需再键入尺寸大小。如果最后统一修改了绘图比例，相应应该修改尺寸标注的全局比例因子。

（6）标注尺寸时应该充分利用对象捕捉功能准确标注尺寸，可以获得正确的尺寸数值。尺寸标注为了便于修改，尺寸标注应该设定成关联的。

（7）在标注尺寸时，为了减小其他图线的干扰，应该将不必要的图层关闭，如剖面线层等。

三、设置标注样式

不同的图纸需要采用不同的尺寸标注格式。设置尺寸标注格式的目的就在于保证图形实体的各个尺寸采用一致的形式、风格。尺寸保证格式可以控制尺寸线、尺寸界线、标注文字和尺寸箭头的设置，它是一组变量的集合。通过修改这些变量的值，可以更改尺寸标注格式，以适合不同的设计人员。

一般情况下，尺寸标注的流程如下：

① 设置尺寸标注图层；

② 设置供尺寸标注用的文字样式；

③ 设置尺寸标注样式；

④ 标注尺寸；

⑤ 修改调整尺寸标注。

应该设定好符合国家标准的尺寸标注格式，然后再进行尺寸标注。

命令 DIMSTYLE

菜单 格式→标注样式

      标注→标注样式

工具栏

启用"标注样式"命令后，系统将弹出"标注样式管理器"对话框，如图 8-4 所示。

图 8-4　"标注样式管理器"对话框

选项及说明

（1）当前标注样式：当前标注样式的名称。默认标注样式为标准。

（2）样式：列出图形中的标注样式。

（3）列出：在"样式"列表中控制样式显示。

（4）不列出外部参照中的样式：如果选择此选项，在"样式"列表中将不显示外部参照图形的标注样式。

（5）预览：显示"样式"列表中选定样式的图示。

（6）说明：说明"样式"列表中与当前样式相关的选定样式。如果说明超出给定的空间，可以单击窗格并单击右侧滑条向下滚动。

（7）置为当前：将在"样式"下选定的标注样式设定为当前标注样式。当前样式将应用于所创建的标注。

（8）新建：显示"创建新标注样式"对话框，从中可以定义新的标注样式。单击 新建(N)... 按钮，弹出对话框，如图 8-5 所示。

这时可以在"新样式名"后键入要创建的标注样式的名称，比如"道桥 CAD 制图"；在基础样式后的下拉列表框中可以选择一种已有的样式作为该新样式的基础样式；点击"用于"的拉列表框，可以选择适用该新样式的标注类型，如图 8-6 所示。

单击创建新标注样式对话框中的 继续 按钮，将弹出"新建标注样式"对话框，如图 8-7 所示。

（9）修改：显示"修改标注样式"对话框，从中可以修改标注样式。对话框选项与"新建标注样式"对话框中的选项相同。

（10）替代：显示"替代当前样式"对话框，从中可以设定标注样式的临时替代值。对话框选项与"新建标注样式"对话框中的选项相同。替代将作为未保存的更改结果显示在"样式"列表中的标注样式下。

图 8-5 "创建新标注样式"对话框

图 8-6 标注样式选择

图 8-7 "新建标注样式"对话框

（11）比较：单击 比较(C)... 显示"比较标注样式"对话框，从中可以比较两个标注样式
或列出一个标注样式的所有特性，如图 8-8 所示。

图 8-8 "比较标注样式"对话框

（12）关闭：关闭"标注样式管理器"对话框。

（13）帮助：显示"Autodesk Exchange"中有关"标注样式管理器"对话框的解释说明，如图 8-9 所示。

图 8-9 Autodesk Exchange

1．线：此选项卡可以设定尺寸线、尺寸界线、箭头和圆心标记的格式和特性，如图 8-10 所示。

（1）尺寸线：设定尺寸线的特性。

图 8-10 "线"选项卡

尺寸线的说明如图 8-11 所示。

图 8-11　尺寸线选项说明

（2）尺寸界线：控制尺寸界线的外观。

尺寸界线的说明如图 8-12 所示。

图 8-12　尺寸界线说明

（3）预览：显示样例标注图像，它可显示对标注样式设置所做更改的效果。

2．符号和箭头：此选项卡用来设定箭头、圆心标记、弧长符号和折弯半径标注的格式和位置，如图 8-13 所示。

图 8-13　"符号和箭头"选项卡

（1）箭头：控制标注箭头的外观。

第一个：设定第一条尺寸线的箭头，当更改第一个箭头的类型时，第二个箭头将自动更改以同第一个箭头相匹配。单击 [实心闭合 ▼] 的倒三角，列出各种箭头形式，如图 8-14 所示。

图 8-14　"符号和箭头"选项卡——显示箭头样式

第二个：设定第二条尺寸线的箭头。

引线：设定引线箭头。

箭头大小：显示和设定箭头的大小。

（2）圆心标记：设置要使用的圆心标记或直线的类型。

圆心标记的两种不同类型如图 8-15 所示。

（3）折断标注：控制折断标注的间隙宽度。

折断大小：显示和设定用于折断标注的间隙大小。

（4）弧长符号：控制弧长标注中圆弧符号的显示。

（5）半径折弯标注：控制折弯（Z 字型）半径标注的显示，折弯半径标注通常在圆或圆弧的圆心位于页面外部时创建，如图 8-16 所示。折弯角度为确定折弯半径标注中尺寸线的横向线段的角度。

圆心标记　　　过圆心的轴线

图 8-15　圆心标记类型

图 8-16　半径折弯标注

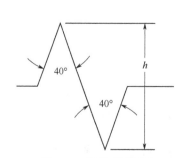

图 8-17　线性折弯标注

（6）线性折弯标注：控制线性标注折弯的显示。当标注不能精确表示实际尺寸时，通常将折弯线添加到线性标注中，一般实际尺寸比所需值小，如图 8-17 所示。折弯高度因子是通过形成折弯的角度的两个顶点之间距离所确定的折弯高度。

（7）预览：显示样例标注图像，它可显示对标注样式设置所做更改的效果。

3．文字：此选项卡用来设定标注文字的格式、放置和对齐，如图 8-18 所示。

图 8-18 "文字"选项卡

（1）文字外观：控制标注文字的格式和大小。

文字样式：列出可用的文本样式。

（2）文字位置：控制标注文字的位置。

垂直：控制标注文字相对尺寸线的垂直位置。垂直位置选项有外部、JIS、置中和上方等形式显示效果如图 8-19 所示。

水平：控制标注文字在尺寸线上相对于尺寸界线的水平位置。显示效果如图 8-20 所示。

图 8-19 文字垂直位置说明

图 8-20 文字水平位置说明

观察方向：控制标注文字的观察方向。

从尺寸线偏移：设定当前文字间距，文字间距是指当尺寸线断开以容纳标注文字时标注文字周围的距离，此值也用作尺寸线段所需的最小长度。当生成的线段至少与文字间距同样长时，才会将文字放置在尺寸界线内侧。当箭头、标注文字以及页边距有足够的空间容纳文字间距时，才将尺寸线上方或下方的文字置于内侧，如图 8-21 所示。

图 8-21 尺寸线偏移说明

（3）文字对齐：控制标注文字放在尺寸界线外边或里边时的方向是保持水平还是与尺寸界线平行。

（4）预览：显示样例标注图像，它可显示对标注样式设置所做更改的效果。

4. 调整：此选项卡可以控制标注文字、箭头、引线和尺寸线的放置，如图 8-22 所示。

图 8-22 "调整"选项卡

（1）调整选项：控制基于尺寸界线之间可用空间的文字和箭头的位置，如果有足够大的空间，文字和箭头都将放在尺寸界线内。否则，将按照"调整"选项放置文字和箭头。

文字或箭头（最佳效果）：按照最佳效果将文字或箭头移动到尺寸界线外。

图 8-23 表示了调整选项的不同设置效果。

图 8-23 调整选项效果

（2）文字位置：设定标注文字从默认位置（由标注样式定义的位置）移动时标注文字

的位置。

文字位置设置的效果如图 8-24 所示。

图 8-24　文字位置设置效果

（3）标注特征比例：设定全局标注比例值或图纸空间比例。

（4）优化：提供用于放置标注文字的其他选项。

（5）预览：显示样例标注图像，它可显示对标注样式设置所做更改的效果。

5．主单位：该选项卡用来设定主标注单位的格式和精度，并设定标注文字的前缀和后缀，如图 8-25 所示。

图 8-25　"主单位"选项卡

（1）测量单位比例：定义线性比例选项，主要应用于传统图形。

（2）消零：控制是否禁止输出前导零和后续零以及零英尺和零英寸部分。

（3）角度标注：显示和设定角度标注的当前角度格式。

（4）消零：控制是否禁止输出前导零和后续零。

（5）预览：显示样例标注图像，它可显示对标注样式设置所做更改的效果。

6．换算单位：此选项卡用来指定标注测量值中换算单位的显示并设定其格式和精度，如图 8-26 所示。

（1）位置：控制标注文字中换算单位的位置。

（2）预览：显示样例标注图像，它可显示对标注样式设置所做更改的效果。

7. 公差：此选项卡用来指定标注文字中公差的显示及格式，如图 8-27 所示。

图 8-26　"换算单位"选项卡

图 8-27　"公差"选项卡

第二节　尺寸标注

在设定好标注样式后，即可以采用设定好的标注样式进行尺寸标注。按照所标注的对象不同，可以将尺寸分成长度尺寸、半径、直径、坐标、指引线、圆心标记等，按照尺寸形式的不同，可以将尺寸分成水平、垂直、对齐、连续、基线等。

一、线性尺寸标注

线性尺寸标注指两点之间的水平或垂直距离，也可以是旋转一定角度的直线尺寸。定义两点可以通过指定两点、选择一直线或圆弧识别两个端点的对象来确定。

命令 DIMLINEAR

菜单 标注→线性

工具栏

> 线性
> 创建线性标注
>
> DIMLINEAR
> 按 F1 键获得更多帮助

命令及提示

命令：_dimlinear
指定第一个尺寸界线原点或 <选择对象>：
指定第二条尺寸界线原点：
指定尺寸线位置或[多行文字(M)/文字(T)/角度(A)/水平(H)/垂直(V)/旋转(R)]：
标注文字 =XX

参数说明

（1）指定第一条尺寸界线原点：定义第一条尺寸界线的位置，如果直接回车，则出现选择对象的提示。

（2）指定第二条尺寸界线原点：定义第二条尺寸界线的位置。

（3）选择对象：选择对象来定义线性尺寸的大小。

（4）指定尺寸线位置：指定尺寸线的位置。

（5）多行文字（M）：打开多行文本编辑器，用户可以通过多行文字编辑器来编辑注写的文字。测量的数值用"<>"来表示，用户可以将其删除也可以在其前后增加其他文字。

（6）文字（T）：单行输入文字。测量值同样在"<>"中。

（7）角度（A）：设定文字的倾斜角度。

（8）水平（H）：强制标注两点间的水平尺寸。

（9）垂直（V）：强制标注两点间的垂直尺寸。

（10）旋转（R）：设定一旋转角度来标注该方向的尺寸。

实例 用线性标注命令标注如图 8-28 所示图形。

图 8-28　线性标注

【操作过程】

命令：_dimlinear
指定第一条尺寸界线原点或 <选择对象>：　　　　　拾取 **A** 点
指定第二条尺寸界线原点：　　　　　　　　　　　　拾取 **B** 点
指定尺寸线位置或[多行文字(M)/文字(T)/角度(A)/　　指定尺寸线位置
水平(H)/垂直(V)/旋转(R)]：
标注文字 =40
命令：dimlinear　　　　　　　　　　　　　　　　　重复线性标注命令
指定第一条尺寸界线原点或 <选择对象>：　　　　　拾取 **B** 点
指定第二条尺寸界线原点：　　　　　　　　　　　　拾取 **C** 点
指定尺寸线位置或[多行文字(M)/文字(T)/角度(A)/　　指定尺寸线位置
水平(H)/垂直(V)/旋转(R)]：

标注文字 =30

命令：dimlinear   重复线性标注命令
指定第一条尺寸界线原点或 <选择对象>：   拾取 **C** 点
指定第二条尺寸界线原点：   拾取 **A** 点
指定尺寸线位置或[多行文字(M)/文字(T)/角度(A)/   输入 **R**，进行尺寸线旋转
水平(H)/垂直(V)/旋转(R)]：R
指定尺寸线的角度 <0>：37   输入旋转角度
指定尺寸线位置或[多行文字(M)/文字(T)/角度(A)/   指定尺寸线位置
水平(H)/垂直(V)/旋转(R)]：
标注文字 =50

二、对齐尺寸标注

命令 DIMALIGNED

菜单 标注→对齐

工具栏

对齐
创建对齐线性标注

DIMALIGNED
按 F1 键获得更多帮助

命令及提示

命令：_dimaligned
指定第一个尺寸界线原点或 <选择对象>：
指定第二条尺寸界线原点：
指定尺寸线位置或[多行文字(M)/文字(T)/角度(A)]：
标注文字 =XX

参数说明

（1）指定第一条尺寸界线原点：定义第一条尺寸界线的位置，如果直接回车，则出现选择对象的提示。

（2）指定第二条尺寸界线原点：定义第二条尺寸界线的位置。

（3）选择对象：选择对象来定义线性尺寸的大小。

（4）指定尺寸线位置：指定尺寸线的位置。

（5）多行文字（M）：通过多行文字编辑器来编辑注写的文字。

（6）文字（T）：单行输入文字。

（7）角度（A）：设定文字的倾斜角度。

实例 用对齐标注命令标注如图 8-29 所示三角形的 AC 边。

图 8-29 对齐标注

【操作过程】

命令：_dimaligned
指定第一条尺寸界线原点或 <选择对象>：   拾取 **A** 点
指定第二条尺寸界线原点：   拾取 **B** 点
指定尺寸线位置或[多行文字(M)/文字(T)/角度(A)]：   指定尺寸线位置
标注文字 =50

三、弧长尺寸标注

命令 DIMARC

菜单 标注→弧长

工具栏

弧长
创建弧长标注

DIMARC
按 F1 键获得更多帮助

命令及提示

命令：_dimarc
选择弧线段或多段线圆弧段：
指定弧长标注位置或[多行文字(M)/文字(T)/角度(A)/部分(P)/引线(L)]：
标注文字 = XX

参数说明

（1）弧长标注位置：指定尺寸线的位置并确定尺寸界线的方向。

（2）多行文字（M）：通过多行文字编辑器来编辑注写的文字。

（3）文字（T）：单行输入文字。

（4）角度（A）：设定文字的倾斜角度。

图 8-30　弧长标注

（5）部分（P）：缩短弧长标注的长度。

（6）引线（L）：添加引线对象。仅当圆弧（或圆弧段）大于 90°时才会显示此选项。引线是按径向绘制的，指向所标注圆弧的圆心。

（7）无引线：创建引线之前取消"引线"选项，要删除引线，请删除弧长标注，然后重新创建不带引线选项的弧长标注。

实例　用弧长标注命令标注如图 8-30 所示圆弧。

【操作过程】

命令：_dimarc
选择弧线段或多段线圆弧段：　　　　　　　　　　　　　　选择要标注的圆弧
指定弧长标注位置或[多行文字(M)/文字(T)/角度(A)/部分(P)/引线(L)]：　确定标注位置
标注文字 = 198.11

四、坐标尺寸标注

命令 DIMORDINATE

菜单 标注→坐标

工具栏

坐标
创建坐标标注

DIMORDINATE
按 F1 键获得更多帮助

命令及提示

命令：_dimordinate
指定点坐标：
指定引线端点或[X基准(X)/Y基准(Y)/多行文字(M)/文字(T)/角度(A)]：
标注文字 =XX

参数说明

（1）指定点坐标：指定需要标注坐标的点。

（2）指定引线端点：指定坐标标注中引线的端点。

（3）X 基准（X）：强制标注 *X* 坐标。

（4）Y 基准（Y）：强制标注 *Y* 坐标。

（5）多行文字（M）：通过多行文字编辑器来编辑注写的
文字。

（6）文字（T）：单行输入文字。

（7）角度（A）：设定文字的倾斜角度。

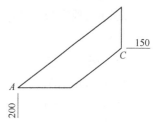

图 8-31　坐标标注

实例　标注如图 8-31 所示 *A* 点的 *X* 坐标和 *C* 点的 *Y* 坐标。

【操作过程】

```
命令：_dimordinate
指定点坐标：                                                              点取 A 点
指定引线端点或[X基准(X)/Y基准(Y)/多行文字(M)/文字(T)/角度(A)]：X    强制标注 X 坐标
指定引线端点或[X基准(X)/Y基准(Y)/多行文字(M)/文字(T)/角度(A)]：      指定引线端点
标注文字 =200
命令：DIMORDINATE                                                        重复命令
指定点坐标：                                                              点取 C 点
指定引线端点或[X基准(X)/Y基准(Y)/多行文字(M)/文字(T)/角度(A)]：Y    强制标注 Y 坐标
指定引线端点或[X基准(X)/Y基准(Y)/多行文字(M)/文字(T)/角度(A)]：      指定引线端点
标注文字 =150
```

五、半径尺寸标注

命令　DIMRADIUS

菜单　标注→半径

工具栏

半径
创建圆或圆弧的半径标注

DIMRADIUS
按 F1 键获得更多帮助

命令及提示

```
命令：_dimradius
选择圆弧或圆：
标注文字 =XX
指定尺寸线位置或[多行文字(M)/文字(T)/角度(A)]：
```

参数说明

（1）选择圆弧或圆：选择要标注半径的圆或圆弧。

（2）指定尺寸线的位置：指定尺寸线的位置。

（3）多行文字（M）：通过多行文字编辑器来编辑注写的
文字。

（4）文字（T）：单行输入文字。

（5）角度（A）：设定文字的倾斜角度。

实例　标注如图 8-32 所示圆弧半径。

图 8-32　半径标注

【操作过程】

```
命令：_dimradius
选择圆弧或圆：                                                            点取圆弧
```

标注文字 =5   **系统自动算出圆弧半径**
指定尺寸线位置或[多行文字(M)/文字(T)/角度(A)]:   **指定尺寸线位置**
命令:

六、折弯标注

命令   DIMJOGGED
菜单   标注→折弯
工具栏

折弯
创建圆和圆弧的折弯标注

DIMJOGGED
按 F1 键获得更多帮助

命令及提示

命令: _dimjogged
选择圆弧或圆:
指定图示中心位置:
标注文字 = XX
指定尺寸线位置或[多行文字(M)/文字(T)/角度(A)]:
指定折弯位置:

参数说明

（1）选择圆弧或圆：选择要标注半径的圆或圆弧。
（2）指定图示中心位置：指定点。
（3）多行文字（M）：通过多行文字编辑器来编辑注写的文字。
（4）文字（T）：单行输入文字。
（5）角度（A）：设定文字的倾斜角度。
（6）指定折弯位置：指定折弯的中点，折弯的横向角度由"标注样式管理器"确定。

七、直径尺寸标注

命令   DIMDIAMETER
菜单   标注→直径
工具栏

直径
创建圆或圆弧的直径标注

DIMDIAMETER
按 F1 键获得更多帮助

命令及提示

命令: _dimdiameter
选择圆弧或圆:
标注文字 =XX

指定尺寸线位置或[多行文字(M)/文字(T)/角度(A)]:
参数说明
（1）选择圆弧或圆：选择要标注直径的圆或圆弧。
（2）指定尺寸线的位置：指定尺寸线的位置。
（3）多行文字（M）：通过多行文字编辑器来编辑注写的文字。
（4）文字（T）：单行输入文字。

图 8-33   直径标注

（5）角度（A）：设定文字的倾斜角度。

实例　标注如图 8-33 所示圆弧直径。

【操作过程】

命令：_dimdiameter

选择圆弧或圆：　　　　　　　　　　　　　点取圆弧

标注文字 =8　　　　　　　　　　　　　　系统自动算出圆弧直径

指定尺寸线位置或[多行文字(M)/文字(T)/角度(A)]：　　指定尺寸线位置

八、角度标注

命令　DIMANGULAR

菜单　标注→角度

工具栏

角度
创建角度标注

DIMANGULAR
按 F1 键获得更多帮助

命令及提示

命令：_dimangular

选择圆弧、圆、直线或 <指定顶点>：

指定标注弧线位置或[多行文字(M)/文字(T)/角度(A)]：

标注文字 =XX

参数说明

（1）选择圆弧、圆、直线或 <指定顶点>：选择角度标注的对象。如果直接回车，则为指定顶点标注角度。

（2）指定顶点：通过指定角度的顶点和两个端点来确定角度。

（3）指定标注弧线位置：指定圆弧尺寸线的位置。

（4）多行文字（M）：通过多行文字编辑器来编辑注写的文字。

（5）文字（T）：单行输入文字。

（6）角度（A）：设定文字的倾斜角度。

实例　用角度标注命令标注如图 8-34 所示的两直线的角度。

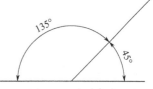

图 8-34　角度标注

【操作过程】

命令：_dimangular

选择圆弧、圆、直线或 <指定顶点>：　　　　　指定一直线

选择第二条直线：　　　　　　　　　　　　指定另一直线

指定标注弧线位置或[多行文字(M)/文字(T)/角度(A)]：　　指定标注弧线位置

标注文字 =135

命令：dimangular　　　　　　　　　　　　重复角度标注命令

选择圆弧、圆、直线或 <指定顶点>：　　　　　指定一直线

选择第二条直线：　　　　　　　　　　　　指定另一直线

指定标注弧线位置或[多行文字(M)/文字(T)/角度(A)]：　　指定标注弧线位置

标注文字 =45

九、快速尺寸标注

命令 QDIM

菜单 标注→快速标注

工具栏

命令及提示

命令：_qdim

关联标注优先级 = 端点

选择要标注的几何图形：

指定尺寸线位置或[连续(C)/并列(S)/基线(B)/坐标(O)/半径(R)/直径(D)/基准点(P)/编辑(E)/设置(T)] <连续>：

参数说明

（1）选择要标注的几何图形：选择要标注的对象。如果选择的对象不单一，在标注某种尺寸时，将忽略不可标注的对象。

（2）指定尺寸线位置：定义尺寸线的位置。

（3）连续（C）：采用连续方式标注所选图形。

（4）并列（S）：采用并列方式标注所选图形。

（5）基线（B）：采用基线方式标注所选图形。

（6）坐标（O）：采用坐标方式标注所选图形。

（7）半径（R）：对所选圆或圆弧标注半径。

（8）直径（D）：对所选圆或圆弧标注直径。

（9）基准点（P）：设定坐标标注或基线标注的基准点。

（10）编辑（E）：对标注点进行编辑。

（11）设置（T）：为指定尺寸界线原点设置默认对象捕捉。

图 8-35 快速标注

实例 使用快速标注命令标注如图 8-35 所示图形。

【操作过程】

命令：qdim

选择要标注的几何图形：指定对角点：找到 5 个　　　**利用窗口方式将所有线段选中**

选择要标注的几何图形：　　　　　　　　　　　　**回车结束对象选择**

指定尺寸线位置或[连续(C)/并列(S)/基线(B)/坐标(O)/半径(R)/直径(D)/基准点(P)/编辑(E)/设置(T)] <连续>：　　　　　　　　　　　**指定尺寸线位置**

十、基线尺寸标注

命令 DIMBASELINE

菜单 标注→基线

工具栏

命令及提示

命令：_dimbaseline
选择基准标注：
指定第二条尺寸界线原点或[放弃(U)/选择(S)] <选择>：
标注文字 =XX

参数说明

（1）选择基准标注：选择基线标注的基准位置，后面的尺寸以此为基准进行标注。如果上一个命令进行了线性尺寸标注，则不出现该提示，除非在随后的参数中输入了"选择"项。

（2）指定第二条尺寸界线原点：定义第二条尺寸界线的位置，第一条尺寸界线由基准确定。

（3）放弃（U）：放弃上一个基线尺寸标注。

（4）选择（S）：选择基线标注基准。

实例　用基线标注命令标注如图 8-36 所示图形。

图 8-36　基线标注

【操作过程】

命令：_dimbaseline
指定第二条尺寸界线原点或[放弃(U)/选择(S)] <选择>：　　　**点取 C 点**
标注文字 =900
指定第二条尺寸界线原点或[放弃(U)/选择(S)] <选择>：　　　**点取 D 点**
标注文字 =1500
指定第二条尺寸界线原点或[放弃(U)/选择(S)] <选择>：　　　**点取 E 点**
标注文字 =2500
指定第二条尺寸界线原点或[放弃(U)/选择(S)] <选择>：　　　**回车结束选择**
选择基准标注：　　　　　　　　　　　　　　　　　　　　　　**回车结束命令**

十一、连续尺寸标注

命令　DIMCONTINUE

菜单　标注→连续

工具栏

命令及提示

命令：_dimcontinue
选择基准标注：
指定第二条尺寸界线原点或[放弃(U)/选择(S)] <选择>：
标注文字 =XX

参数说明

（1）选择基准标注：选择以线性标注为连续标注的基准位置。如果上一个命令进行了线性尺寸标注，则不出现该提示，自动以上一个线性标注为基准位置。除非在随后的参数中输入了"选择"项。

（2）指定第二条尺寸界线原点：定义第二条尺寸界线的位置，第一条尺寸界线由基准确定。

（3）放弃（U）：放弃上一个基线尺寸标注。

（4）选择（S）：重新选择一线性尺寸为连续标注的基准。

实例 用连续标注命令标注如图 8-37 所示图形。

图 8-37 连续标注

【操作过程】

命令：_dimcontinue

选择基准标注： 点取 **AB** 段标注

指定第二条尺寸界线原点或[放弃(U)/选择(S)] <选择>： 拾取 **C** 点

标注文字 =400

指定第二条尺寸界线原点或[放弃(U)/选择(S)] <选择>： 拾取 **D** 点

标注文字 =600

指定第二条尺寸界线原点或[放弃(U)/选择(S)] <选择>： 拾取 **E** 点

标注文字 =1000

指定第二条尺寸界线原点或[放弃(U)/选择(S)] <选择>： 回车结束选择

选择基准标注： 回车结束命令

十二、等距标注

命令 DIMSPACE

菜单 标注→标注间距

工具栏

命令及提示

命令：_DIMSPACE

选择基准标注：

选择要产生间距的标注：

输入值或[自动（A）] <自动>：

参数说明

（1）选择基准标注：选择平行线性标注或角度标注。

（2）选择要产生间距的标注：选择平行线性标注或角度标注以从基准标注均匀隔开，并按"Enter"键。

（3）输入值：输入间距值，将间距值应用于从基准标注中选择的标注。例如，如果输入值 0.5000，则所有选定标注将以 0.5000 的距离隔开。可以使用间距值 0（零）将选定的线性标注和角度标注的标注线末端对齐。

（4）自动（A）：基于在选定基准标注的标注样式中指定的文字高度自动计算间距。所得的间距值是标注文字高度的两倍。

实例 用等距标注命令将如图 8-38（a）所示标注修改为如图 8-38（b）所示标注。

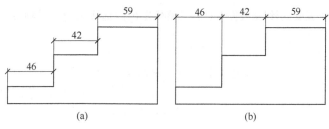

图 8-38　等距标注

【操作过程】

命令：DIMSPACE

选择基准标注：　　　　　　　　　　　　选择基准：尺寸 **59**

选择要产生间距的标注：找到 1 个　　　　选择尺寸 **42**

选择要产生间距的标注：找到 1 个，总计 2 个　　选择尺寸 **46**

选择要产生间距的标注：　　　　　　　　回车结束选择

输入值或 [自动(A)] <自动>：0　　　　　输入数值 **0**

十三、折断标注

命令　**DIMBREAK**

菜单　标注→标注打断

工具栏　![工具栏图标]

折断标注
在标注或延伸线与其他对象交叉处折断或恢复标注和延伸线

DIMBREAK
按 F1 键获得更多帮助

命令及提示

命令：_dimbreak

选择要添加/删除折断的标注或 [多个(M)]：

选择要折断标注的对象或 [自动(A)/手动(M)/删除(R)] <自动>：

参数说明

（1）多个（M）：指定要向其中添加折断或要从中删除折断的多个标注。

自动（A）：自动将折断标注放置在与选定标注相交的对象的所有交点处。修改标注或相交对象时，会自动更新使用此选项创建的所有折断标注。

（2）在具有任何折断标注的标注上方绘制新对象后，在交点处不会沿标注对象自动应用任何新的折断标注。要添加新的折断标注，必须再次运行此命令。

（3）手动（M）：手动放置折断标注。为折断位置指定标注或尺寸界线上的两点。如果修改标注或相交对象，则不会更新使用此选项创建的任何折断标注。使用此选项，一次仅可以放置一个手动折断标注。

（4）删除（R）：从选定的标注中删除所有折断标注。

十四、多重引线标注

命令　**MLEADER**

菜单　标注→多重引线

命令及提示

命令：_mleader

指定引线箭头的位置或[引线基线优先(L)/内容优先(C)/选项(O)] <选项>:
指定引线基线的位置:

参数说明

(1) 引线基线优先 (L): 指定多重引线对象箭头的位置。

图 8-39　多重引线标注

(2) 内容优先 (C): 指定与多重引线对象相关联的文字或块的位置。

(3) 选项 (O): 指定用于放置多重引线对象的选项。

实例　采用引线中的直线形式标注如图 8-39 所示图形。

【操作过程】

命令: _mleader

指定引线箭头的位置或[引线基线优先(L)/内容优先(C)/选项(O)] <选项>:**指定要标注的柱子顶点,在弹出的文字格式编辑器中输入"3 个柱子(回车换行)H=2800"再单击"确定"即可**

指定引线基线的位置:

十五、圆心标记

命令　DIMCENTER

菜单　标注→圆心标记

工具栏

圆心标记
创建圆和圆弧的圆心标记或中心线

⊟ DIMCENTER
按 F1 键获得更多帮助

命令及提示

命令: _dimcenter
选择圆弧或圆:

图 8-40　圆心标记

参数说明

选择圆弧或圆: 选择要标记圆心的圆或圆弧。

实例　用圆心标记命令标注如图 8-40 所示圆弧。

【操作过程】

命令: _dimcenter
选择圆弧或圆:　　　　　　　　**点取圆弧**

第三节　尺　寸　编　辑

AutoCAD 中可以对已经标注的尺寸进行编辑修改。

一、尺寸文本编辑

命令　DDEDIT

菜单　修改→对象→文字→编辑

工具栏

编辑...
编辑文字、标注文字和属性定义

⊟ DDEDIT
按 F1 键获得更多帮助

命令及提示

命令：ddedit

选择注释对象或[放弃(U)]：

参数说明

（1）选择注释对象：选择要作修改的尺寸文本，系统会根据所选择的文字类型显示相应的编辑方法。

（2）放弃：返回到文字或属性定义的先前值，可在编辑后立即使用此选项。

实例　将如图 8-41（a）所示图形中的尺寸 74 修改为 45，如图 8-41（b）所示。

图 8-41　编辑尺寸文本

【操作过程】

命令：_ddedit

选择注释对象或[放弃(U)]：　　点取尺寸 **74**，在弹出的文字格式编辑器中将 **74** 改为 **45**，如图 **8-42** 所示，单击 确定 即可

选择注释对象或[放弃(U)]：　　回车结束命令

图 8-42　编辑尺寸文本：74 改为 45

二、尺寸样式修改与替换

命令　DDIM

执行该命令后将弹出"标注样式管理器"对话框，如图 8-43 所示。

在该对话框中点击修改按钮，即对当前标注样式进行修改。如点击替代按钮，即可对当前标注样式进行替代。两者的区别是前者不改变在这之前的标注，而后者则会改变。

图 8-43　标注样式管理器对话框

三、尺寸文本位置编辑

移动和旋转标注文字并重新定位尺寸线。

命令　DIMTEDIT

菜单　标注→对齐文字

工具栏

編辑标注文字
移动和旋转标注文字，重新定位尺寸线

DIMTEDIT
按 F1 键获得更多帮助

命令及提示

命令：_dimtedit
选择标注：
为标注文字指定新位置或[左对齐(L)/右对齐(R)/居中(C)/默认(H)/角度(A)]：

参数说明

（1）选择标注：选择要修改文字位置的标注。

（2）指定标注文字的新位置：在屏幕上指定文字的新位置。

（3）左对齐（L）：沿尺寸线左对齐文本。

（4）右对齐（R）：沿尺寸线右对齐文本。

（5）居中（C）：将尺寸文本放置在尺寸线中间。

（6）默认（H）：放置尺寸文本在默认位置。

（7）角度（A）：将尺寸文本旋转指定的角度。

实例　将如图 8-44（a）所示标注修改成如图 8-44（b）所示样式。

图 8-44　标注修改

【操作过程】

命令：_dimtedit

选择标注：　　　　　　　　　　　　　　　　选择左段 45 标注

为标注文字指定新位置或[左对齐(L)/右对齐(R)　　输入 **L** 让文字左对齐，回车结束

/居中(C)/默认(H)/角度(A)]：L 回车

命令：dimtedit

选择标注：　　　　　　　　　　　　　　　　选择中间段 45 标注

为标注文字指定新位置或[左对齐(L)/右对齐(R)　　输入 **R** 让文字右对齐，回车结束

/居中(C)/默认(H)/角度(A)]：R 回车

命令：dimtedit

选择标注：　　　　　　　　　　　　　　　　选择右段 45 标注

为标注文字指定新位置或[左对齐(L)/右对齐(R)　　输入 **H** 让文字默认对齐，回车结束

/居中(C)/默认(H)/角度(A)]：H 回车

命令：dimtedit

选择标注：　　　　　　　　　　　　　　　　选择 135 标注

为标注文字指定新位置或[左对齐(L)/右对齐(R)　　输入 **A** 让文字选择旋转角度，回车结束

/居中(C)/默认(H)/角度(A)]：A 回车

指定标注文字的角度：45 回车　　　　　　　　输入文字旋转角度 **45°**（逆时针转）

四、编辑标注

用来编辑标注文字和尺寸界线：旋转、修改或恢复标注文字，更改尺寸界线的倾斜角。移动文字和尺寸线的等效命令为 DIMEDIT。

命令　DIMEDIT

菜单　标注→倾斜

工具栏

命令及提示

命令：_dimedit

输入标注编辑类型[默认(H)/新建(N)/旋转(R)/倾斜(O)] <默认>：

参数说明

（1）默认（H）：将旋转标注文字移回默认位置，选定的标注文字移回到由标注样式指定的默认位置和旋转角，如图 8-45 所示。

（2）新建（N）：使用在位文字编辑器更改标注文字，如图 8-46 所示。

指定"默认"之前　　指定"默认"之后　　　　选择"新建"之前　　选择"新建"之后

　　图 8-45　编辑标注——默认　　　　　　　　图 8-46　编辑标注——新建

（3）旋转（R）：旋转标注文字。此选项与 DIMEDIT 的"角度"选项类似，输入 0 将标注文字按缺省方向放置。缺省方向由"新建标注样式"对话框、"修改标注样式"对话框

和"替代当前样式"对话框中的"文字"选项卡上的垂直和水平文字设置进行设置，如图 8-47 所示。

（4）倾斜（O）：当尺寸界线与图形的其他要素冲突时，可用"倾斜"选项，倾斜角从 UCS 的 X 轴进行测量，如图 8-48 所示。

图 8-47　编辑标注——旋转　　　　　　图 8-48　编辑标注——倾斜

五、标注更新

创建和修改标注样式，可以将标注系统变量保存或恢复到选定的标注样式。

命令　DIMSTYLE

菜单　标注→更新

工具栏

命令及提示

命令：-dimstyle
当前标注样式：ISO-25　　注释性：否
输入标注样式选项
[注释性(AN)/保存(S)/恢复(R)/状态(ST)/变量(V)/应用(A)/?] <恢复>：
输入标注样式名、[?]或 <选择标注>：
选择标注：

参数说明

（1）注释性（AN）：创建注释性标注样式。

（2）保存（S）：将标注系统变量的当前设置保存到标注样式。

（3）恢复（R）：将标注系统变量设置恢复为选定标注样式的设置。

（4）状态（ST）：显示所有标注系统变量的当前值。

（5）变量（V）：列出某个标注样式或选定标注的标注系统变量设置，但不修改当前设置。

（6）应用（A）：将当前尺寸标注系统变量设置应用到选定标注对象，永久替代应用于这些对象的任何现有标注样式。不更新现有基线标注之间的尺寸线间距，标注文字变量设置不更新现有引线文字。

（7）列出标注样式：列出当前图形中的命名标注样式。

六、尺寸分解

关联尺寸其实是一种无名块，尺寸中的四个要素是一个整体。如果要对尺寸中的某个要素进行单独的修改，必须通过分解命令 将其分解。分解后的尺寸不再具有关联性，如图 8-49 所示。

图 8-49　尺寸分解

第四节　公　差　标　注

一、尺寸公差标注

一般标注尺寸公差有三种方法。

1. 标注尺寸过程中设置尺寸公差。标注时选择"多行文字（M）"选项，在打开的"多行文字编辑器"中，利用堆叠文字方式标注公差。

2. 利用"▣"（特性选项）设置尺寸公差。标注尺寸后，利用该尺寸的"特性"选项板，在"公差"选择区域来修改公差设置。这种方法现在使用较广。

3. 采用"标注替代"方法，即在"标注式样管理器"中单击"替代"按钮，在"公差"选项卡中设置尺寸公差，接着为即将标注的图形进行尺寸公差标注，再回到通用的标注样式。由于替代样式只能使用一次，因此不会影响其他的尺寸标注。

注意　用同样的方法还可以标注"对称"、"极限尺寸"、"公称尺寸"等形式的公差尺寸。用户可以在"显示公差"下拉列表中进行样式选择。

实例　利用"特性"选项板，标注图 8-50 所示的尺寸公差。

图 8-50　标注公差

【操作过程】

① 执行"线性"命令，标注尺寸 14。

② 利用夹点选中线性标注 14，然后单击鼠标右键，在随位菜单中单击▣ 特性(S)，弹出"特性"选项板。

③ 将滑块拉到最下方的"公差"选择区域，如图 8-51 所示，在"显示公差"下拉列表中选择"极限偏差"，在"公差下偏差"文本框中输入"+0.021"，在"公差上偏差"文本框中输入"+0.041"，在"公差精度"列表框中选择"0.000"，在"公差文字高度"列表框中输入"0.7"。

4. 关闭"特性"选项板，按"Esc"键取消标注对象的选择，完成线性尺寸添加尺寸公差。

图 8-51　特性选项板——标注尺寸公差

二、几何公差标注

几何公差用于控制机械零件的实际尺寸（如位置、形状、方向和跳动等）与零件理想尺寸之间的允许差值。几何公差的大小直接关系到零件的使用性能，在机械图形中有非常重要的作用。

命令　TOLERANCE

菜单　标注→公差

工具栏

执行公差命令后，系统将弹出"形位公差"对话框。如图 8-52 所示。

图 8-52　"形位公差"对话框

符号区：点击符号下的小黑框，将弹出"特征符号"对话框。如图 8-53 所示，在此可以选择要标注的公差的符号。

公差区：公差区左侧的小黑框为直径符号是否打开的开关，在此可以输入公差数值；点取右侧的小黑框，将弹出"附加符号（包容条件）"对话框，如图 8-54 所示。

图 8-53　"特征符号"对话框

图 8-54　"包容条件"对话框

基准区：用于测量零件公差所依据的基准。在文本框中输入基准线或基准面的代号，在黑色方框中选择材料状态。

高度：用于指定预定的公差范围值。

投影公差带：显示预定的公差范围符号与预定的公差范围值的配合，即预定的公差范围值后加上符号（P）

基准标识符：用于输入基准的标识符号，如 A、B、C 等。

注意　几何公差的位置一般和引线标注联合使用。

实例　用"QLEADER"命令标注图 8-50 所示的公差。

【操作过程】

① 命令行输入"QLEADER"执行"快速引线"命令。

② 选择"设置（s）"选项，弹出"引线设置"对话框，如图 8-55 所示。在"注释"选项卡中选择"注释类型"为"公差"，单击"确定"按钮返回绘图区。

③ 指定引线起始点、转折点及与几何公差连接点后，弹出如图 8-52 所示的"形位公差"

对话框。

图 8-55 "引线设置"对话框

④ 在"形位公差"对话框中,单击"符号"的黑色方框,打开"特征符号"对话框,选择"▟垂直度"公差符号。

⑤ 在"公差1"文本框中输入"0.06"。

⑥ 在"基准1"中,输入基准字母 A,单击"确定"按钮完成标注。

第九章 打 印 输 出

在 AutoCAD 中绘制的图形，一般要形成硬拷贝，即通过打印机或绘图机输出。输出图形可以在模型空间中进行，也可以在布局（图纸空间）中进行。

第一节 空间、布局和视口

一、模型空间

模型空间是一个三维环境。在模型空间里可以按照物体的实际尺寸绘制、编辑二维或三维图形，也可以进行三维实体造型，还可以全方位显示图形对象。使用 AutoCAD 时首先是在模型空间工作：当启动 AutoCAD 后，系统默认状态处于模型空间，绘图窗口下的模型/布局选项卡 ◄◄ ◄ ► ►► ＼ 模型 ／ 布局1 ＼ 布局2 ／ 处于激活状态，图纸空间关闭。

二、图纸空间

图纸空间是一个二维环境。图纸空间的"图纸"与真实的图纸相对应，类似于出图的图纸。在图纸空间里可以把模型对象按照不同方位显示的视图以合适的比例表示出来，还可以定义图纸的大小、插入图框和图标。

三、布局

布局相当于图纸空间环境。一个布局就是一张图纸，并提供预置的打印页面设置。在布局中可以创建和定位视口，生成图框、图标等。利用布局可以在图纸空间创建多个视口来显示不同的视图，而且每个视图都可以有不同的显示缩放比例，或冻结指定的图层。单击绘图窗口下的模型/布局选项卡 ◄◄ ◄ ► ►► ＼ 模型 ＼ 布局1 ／ 布局2 ／ 处于激活状态，模型空间关闭。

在一个图形文件中模型空间只有一个，布局可以设置多个。这样就可以用多张图纸多侧面地反映同一物体或图形对象。例如，将某一工程总图拆成多张不同专业图；或者将在模型空间绘制的装配图拆成多张零件图。

四、平铺视口

视口是显示用户模型的不同视图的区域。一般把模型空间创建的视口称为"平铺视口"，在图纸空间创建的视口称为"浮动视口"。

在模型空间中绘制图形时，用户可以将一个显示屏幕划分成多个视口（视区或视窗），即用 VIEWPORTS 命令在模型空间中建立。

命令 VIEWPORTS/VPORTS/-VPORTS（VP/-VP）

菜单 视图→视口→新建视口

启用 VIEWPORTS 命令后，弹出"视口"对话框，如图 9-1 所示。

图 9-1　"视口"对话框

选项及说明

（1）新名称：当前要存储的视口名。

（2）标准视口：系统定义的标准视口类型。

（3）应用于：当选中一个标准视口列表中的一个视口后该选项亮显，用户可以确定当前视口是建立在显示屏幕上还是建立在当前显示屏幕的当前视口中。

（4）设置：建立视口格式，可以选择二维（2D）或三维（3D）格式。

（5）预览：视口预览。

（6）修改视图：按用户要求改变各视口中 UCS 坐标的设置，通过点击预览中的相应视口然后从"修改视图"下拉列表中选择。

（7）当前名称：当前视口名，提示用户正在使用的视口名字。

（8）命名视口：用户自定义的视口名列表，当用户用点选选中一视口名时，系统自己把它设置为当前视口。

（9）预览：选中的视口预览。

技巧　每个视口最多可分为四个子视口，每个子视口可继续被分为四个子视口。当我们建立多个视口时，只有当前活动视口显示十字光标。当光标移到非活动视口时显示为箭头，单击鼠标左键，该视口立即转化为当前活动视口。当视口边框为粗线时，此视口就为当前活动视口。

五、浮动视口

浮动视口又称为布局视口。根据需要可以在一个布局中创建标准视口，也可以创建多个形状、个数不受限制的新视口。在创建视口后，还可以根据需要更改其大小、特性、比例以及对其进行移动。

第二节　打印输出

一、在模型空间打印输出

命令　PLOT

菜单 文件→打印

工具栏

在模型空间中执行该命令后，弹出"打印-模型"对话框，单击右下角的按钮⊙，对话框全部展开，如图9-2所示。

图 9-2 打印对话框

1. 页面设置

列出图形中已命名或已保存的页面设置。可以将图形中保存的命名页面设置作为当前页面设置，也可以在"打印"对话框中单击"添加"，基于当前设置创建一个新的命名页面设置。

名称：显示当前页面设置的名称。

添加：显示"添加页面设置"对话框，从中可以将"打印"对话框中的当前设置保存到命名页面设置。可以通过"页面设置管理器"修改此页面设置。

2. 打印机/绘图仪

指定打印布局时使用已配置的打印设备，如果选定绘图仪不支持布局中选定的图纸尺寸，将显示警告，用户可以选择绘图仪的默认图纸尺寸或自定义图纸尺寸。

名称：列出可用的PC3文件或系统打印机，可以从中进行选择，以打印当前布局。设备名称前面的图标识别其为PC3文件还是系统打印机。

特性：单击该按钮会打开如图9-3所示的"绘图仪配置编辑器"对话框，在该对话框中可对当前打印设备的特性进行设置，包括介质、图形、物理笔配置、自定义特性、初始化字符串、校准和用户定义的图纸尺寸等。

绘图仪：显示当前所选页面设置中指定的打印设备。

位置：显示当前所选页面设置中指定的输出设备的物理位置。

说明：显示当前所选页面设置中指定的输出设备的说明文字。可以在绘图仪配置编辑器中编辑此文字。

打印到文件：打印输出到文件而不是绘图仪或打印机。打印文件的默认位置是在"选项"对话框→"打印和发布"选项卡→"打印到文件操作的默认位置"中指定的。如果"打印到文件"选项已打开，单击"打印"对话框中的"确定"将显示"打印到文件"对话框（标准文件浏览对话框）。

局部预览：精确显示相对于图纸尺寸和可打印区域的有效打印区域。工具提示显示图纸尺寸和可打印区域。

3．图纸尺寸

显示所选打印设备可用的标准图纸尺寸。如果未选择绘图仪，将显示全部标准图纸尺寸的列表以供选择。如果所选绘图仪不支持布局中选定的图纸尺寸，将显示警告，用户可以选择绘图仪的默认图纸尺寸或自定义图纸尺寸，如图 9-4 所示。

图 9-3　"绘图仪配置编辑器"对话框　　　　图 9-4　设置图纸尺寸

4．打印份数

指定要打印的份数，如图 9-5 所示。打印到文件时，此选项不可用。

5．打印区域

指定要打印的图形部分。在"打印范围"下，可以选择要打印的图形区域，如图 9-6 所示。

窗口：打印指定的图形部分。如果选择"窗口"，"窗口"按钮将称为可用按钮。单击"窗口"按钮以使用定点设备指定要打印区域的两个角点，或输入坐标值。

图形界限：从"模型"选项卡打印时，将打印栅格界限定义的整个绘图区域。如果当前视口不显示平面视图，该选项与"范围"选项效果相同。

显示：打印选定的"模型"选项卡当前视口中的视图或布局中的当前图纸空间视图。

6．打印偏移

图纸的可打印区域由所选输出设备决定，在布局中以虚线表示。更改为其他输出设备时，可能会更改可打印区域。通过在"X 偏移"和"Y 偏移"框中输入正值或负值，可以偏移图纸上的几何图形，如图 9-7 所示。图纸中的绘图仪单位为英寸或毫米。

图 9-5　设置打印图纸份数　　图 9-6　设置打印区域　　图 9-7　设置打印位置

居中打印：自动计算 X 偏移和 Y 偏移值，在图纸上居中打印。当"打印区域"设定为"布局"时，此选项不可用。

X：相对于"打印偏移定义"选项中的设置指定 X 方向上的打印原点。

Y：相对于"打印偏移定义"选项中的设置指定 Y 方向上的打印原点。

7．打印比例

控制图形单位与打印单位之间的相对尺寸，如图 9-8 所示。从"模型"选项卡打印时，默认设置为"布满图纸"。

布满图纸：缩放打印图形以布满所选图纸尺寸，并在"比例"、"英寸 ＝"和"单位"框中显示自定义的缩放比例因子。

比例：定义打印的精确比例。"自定义"可定义用户定义的比例。可以通过输入与图形单位数等价的英寸（或毫米）数来创建自定义比例。

英寸=/毫米=/像素=：指定与指定的单位数等价的英寸数、毫米数或像素数。

英寸/毫米/像素：在"打印"对话框中指定要显示的单位是英寸还是毫米。默认设置为根据图纸尺寸，并会在每次选择新的图纸尺寸时更改。"像素"仅在选择了光栅输出时才可用。

单位：指定与指定的英寸数、毫米数或像素数等价的单位数。

缩放线宽：与打印比例成正比缩放线宽。线宽通常指定打印对象的线的宽度并按线宽尺寸打印，而不考虑打印比例。

8．打印样式表（画笔指定）

设定、编辑打印样式表，或者创建新的打印样式表，如图 9-9 所示。

9．着色视口选项　指定着色和渲染视口的打印方式，并确定它们的分辨率大小和每英寸点数（DPI），如图 9-10 所示。

图 9-8　设置打印比例　　图 9-9　设置打印样式　　图 9-10　选择着色打印方式

着色打印：指定视图的打印方式。在"模型"选项卡上，可以从不同选项中选择。

质量：指定着色和渲染视口的打印分辨率。

DPI：指定渲染和着色视图的每英寸点数，最大可为当前打印设备的最大分辨率。只有在"质量"框中选择了"自定义"后，此选项才可用。

10．打印选项

指定线宽、透明度、打印样式、着色打印和对象的打印次序等选项。

11．图形方向

为支持纵向或横向的绘图仪指定图形在图纸上的打印方向。图纸图标代表所选图纸的介质方向。字母图标代表图形在图纸上的方向，如图 9-11 所示。

图 9-11　设置打印方向

纵向：放置并打印图形，使图纸的短边位于图形页面的顶部。

横向：放置并打印图形，使图纸的长边位于图形页面的顶部。

上下颠倒打印：上下颠倒地放置并打印图形。

图标：指示选定图纸的介质方向并用图纸上的字母表示页面上的图形方向。

12．预览打印效果

在完成打印设置后，可以先利用 AutoCAD 的打印预览功能查看设置是否符合要求，如果不能符合要求，可以在打印对话框中修改相应的参数。

单击如图 9-12 所示打印对话框左下角的 预览(P)… 按钮，即可进入打印预览视图，如图 9-12 所示。如图设置的打印效果满意，单击左上角工具栏中的 按钮，即可按设置将图样打印出来；如果设置的打印效果不满意，则可单击左上角工具栏中的按钮 或按键盘左上角"Esc"键返回到"打印"对话框修改参数，直到打印效果满意为止。

图 9-12　设置预览视图

二、在图纸空间打印输出

图纸空间在 AutoCAD 的表现形式就是布局。布局选项卡显示实际的打印内容，在布局中打印可以节约检查打印结果所耗的时间。

1．打开图形

打开一个在模型空间绘制好的图形。

2．进入图纸空间

单击模型/布局选项卡的 模型 布局1 布局2 。也可以创建新的布局。

（1）利用布局向导创建布局

命令　LAYOUTWIZARD

菜单　插入→布局→创建布局向导

　　　　工具→向导→创建布局

屏幕弹出"创建布局-开始"对话框，对话框的左边列出了创建布局的步骤，按此操作即可，如图 9-13 所示。

图 9-13　　"创建布局-开始"对话框

（2）利用来自样板的布局　布局样板是指 dwg 或 dwt 文件中的布局。前面介绍过 AutoCAD 提供了扩展名为.dwt 的样板文件，在设计新布局环境时也可以使用。

命令　LAYOUT

菜单　插入→布局→来自样板的布局

右击 布局1 布局2 选项卡，从快捷菜单中选择"来自样板"

工具栏

屏幕弹出"从文件选择样板"对话框，如图 9-14 所示。在列表中选择所需的布局样板，比如"Tutorial-mArch.dwt"，然后单击 打开(O) ，打开插入布局对话框，单击 确定 即可。

（3）利用"布局"选项卡创建新的布局

命令　LAYOUT

图 9-14 "从文件选择样板"对话框

菜单 插入→布局→新建布局

右击 布局1 / 布局2 选项卡，从快捷菜单中选择"新建布局"

工具栏

（4）通过设计中心创建新布局 将已经建好的布局拖到当前图形中。

3．调整视区

视区的位置和大小是可以调整的：视区的边界实际上是在图纸空间中自动创建的一个矩形，可以利用夹点拉伸的方法调整视区。在图纸空间，视区边界呈虚线显示，四个角上出现夹点，点击某个夹点，使其激活成红色"热夹点"后就可以拉动热夹点到指定位置上，如图 9-15 所示。

如果在出图时只需要一个视区，一般要将视区调整为充满整个边界打印区。

4．多视口布局

在布局窗口中可以增加多个视口。各视口可以用不同比例、角度和位置来显示同一个模型，视口的位置也可以任意设定。

5．设置比例

设置比例是出图过程的重要一步。在任何一张工程图纸的图标中都有"比例"一栏，该比例反映了图上尺寸与实际尺寸的换算关系。按照国家标准，图纸上无论采用何种比例，标注的都是图形的真实尺寸，并且在同一张图纸上，所有标注元素无论大小、样式都要一致。

6．在图纸空间增加图形对象

有时需要在出图时添加一些不属于模型本身的对象，如说明、图例、图框、图标等。此时可以在图纸空间添加，对模型空间没有任何影响。如果需要，也可以通过"Chspace"命令将图纸空间的对象转换到模型空间。

图 9-15 调整视区边界

7. 最后打印

命令 PLOT

菜单 文件→打印

工具栏

打印… (Ctrl+P)
将图形打印到绘图仪、打印机或文件

PLOT
按 F1 键获得更多帮助

在图纸空间中执行该命令后，弹出"打印-布局*"对话框，单击右下角的按钮⊙，对话框全部展开，如图 9-16 所示。其他设置参照模型空间打印即可。

图 9-16 "打印-布局 1"对话框

第十章 制图基础及上机练习

第一节 操作环境及坐标的输入

例1：绘制图 10-1 所示图形，并将其命名为"图 10-1"保存。

【绘图步骤】

1. 启动 AutoCAD2014：双击桌面上的图标 ，或单击"开始→所有程序→Autodesk→ AutoCAD 2014-简体中文（Simplified Chinese）→ AutoCAD 2014-简体中文（Simplified Chinese）"。

2. 设置图幅（420，297）默认即可。

3. 绘制图形。

（1）画直线。用鼠标左键单击 ，以下为命令栏提示。

命令：_line 指定第一个点：(输入)10,10↙❶   用键盘输入 **A** 点绝对坐标
指定下一点或[放弃(U)]：(输入)100,40↙   用键盘输入 **B** 点绝对坐标
指定下一点或[放弃(U)]：(输入)@70,80↙   用键盘输入 **C** 点相对坐标
指定下一点或[闭合(C)/放弃(U)]：(输入)@-100,0↙   用键盘输入 **D** 点相对坐标
指定下一点或[闭合(C)/放弃(U)]：(输入)@-50,50↙   用键盘输入 **E** 点相对坐标
指定下一点或[闭合(C)/放弃(U)]：(输入)C↙   用键盘输入，连成封闭图形

（2）用鼠标左键单击 ，将图形平移到屏幕中心，若图形太小，则用鼠标左键单击 ，可将图形放大显示，如想恢复原样，则用鼠标左键单击 即可。如图 10-2 所示。

图 10-1 坐标练习

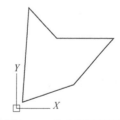

图 10-2 放大图形显示

（3）去掉屏幕上的坐标符号或将其永远显示在屏幕的左下角。用鼠标左键单击"视图（V）→显示（L）→UCS 图标（U）"，点击"开（O）"，可在坐标符号有、无之间切换；点击"原点（R）"，则坐标符号回到屏幕的左下角。如图 10-3 所示。

（4）设置捕捉：捕捉设置有多种方法，最简便的方法之一可在状态栏的任意位置单击鼠

---

❶ "↙"意为回车。——编者注

标右键，在屏幕菜单上单击"设置"，屏幕出现草图设置对话框，在对象捕捉模式前方框内打"√"则为选定。如图 10-4 所示。

图 10-3　坐标符号显示或隐藏　　　　　　　　图 10-4　"草图设置"对话框

（5）画圆：用鼠标左键单击 ⊘，以下为命令栏提示。

命令：_circle 指定圆的圆心或[三点(3P)/
两点(2P)/相切、相切、半径(T)]：

（右侧说明）打开对象捕捉，当十字光标在 **D** 点附近，且 **D** 点出现绿色小方框时（颜色可以设置，有些版本是黄色）单击鼠标左键↙

指定圆的半径或[直径(D)]<100.0000>：50↙

（右侧说明）用键盘输入圆半径

（6）添加直线。

命令：_line 指定第一点：

（右侧说明）按前面方法捕捉 **A** 点↙

指定下一点或[放弃(U)]：

（右侧说明）将十字光标指向 **F** 点附近，且 **F** 点出现绿色小圆圈（上方有一直线，表示相切）时，单击鼠标左键↙

指定下一点或[放弃(U)]：↙

绘图时打开对象捕捉作图，可以提高作图效率。

4．存盘。

绘图完成后，将光标移到"文件（F）"菜单上单击，弹出下拉菜单，点取"另存为…"弹出如图 10-5 所示保存对话框。在文件名框中输入图名"图 10-1"，选定合适的路径，点取"保存"即完成。

例 2：绘制图 10-6 所示标题栏，以"图 10-6"名存盘。

【绘图步骤】

1．启动 AutoCAD 2014。

2．设置图幅（297，210）。

（1）用鼠标左键单击"格式（O）→图形界限（I）"，如图 10-7 所示，以下为命令提示栏提示。

图 10-5　"图形另存为"对话框

图 10-6　标题栏

图 10-7　设置图幅

命令：'_limits
重新设置模型空间界限：

指定左下角点或[开(ON)/关(OFF)] <0.0000,0.0000>：↙　　**默认第一角点为坐标原点**

指定右上角点 <420.0000,297.0000>:297,210↙　　　　**默认第二角点为绝对坐标 297，210**

（2）显示栅格：按"F7"或点击状态栏中的▦，使其凹下，屏幕出现较密栅格显示。

（3）全屏显示：在命令状态下输入 Z（ZOOM 的简化），以下为命令栏提示。

命令：z↙ ZOOM

指定窗口角点，输入比例因子(nX 或 nXP)，或[全部(A)/中心点(C)/动态(D)/范围(E)/上一个(P)/比例(S)/窗口(W)] <实时>：A↙ (选择全部显示屏幕的内容)

正在重生成模型。

屏幕出现较疏栅格。

（4）隐去栅格：再次按"F7"或点击状态栏中的▦，使其凸起，则栅格不再显示。

3．绘制图形。

（1）打开正交工具：按"F8"或点击状态栏中的▙，使其凹下，即可绘制水平或竖直线段。鼠标左键单击✎，以下为命令栏提示。

命令：_line 指定第一点：可在屏幕任意一点单击↙　　　**确定起始点**

（让鼠标始终处于所画直线的前方）

指定下一点或[放弃(U)]：(输入数值)15↙　　　　　**确定画线的长度**

指定下一点或[放弃(U)]：25↙　　　　　　　　　　**确定画线的长度**

指定下一点或[闭合(C)/放弃(U)]：20↙　　　　　　**确定画线的长度**

指定下一点或[闭合(C)/放弃(U)]：45↙　　　　　　**确定画线的长度**

指定下一点或[闭合(C)/放弃(U)]：35↙　　　　　　**确定画线的长度**

（注意改变直线的方向）

指定下一点或[闭合(C)/放弃(U)]：16↙　　　　　　**确定画线的长度**

指定下一点或[闭合(C)/放弃(U)]：8↙　　　　　　　**确定画线的长度**

指定下一点或[闭合(C)/放弃(U)]：8↙　　　　　　　**确定画线的长度**

（注意改变直线的方向）

指定下一点或[闭合(C)/放弃(U)]：22↙　　　　　　**确定画线的长度**

指定下一点或[闭合(C)/放弃(U)]：13↙　　　　　　**确定画线的长度**

指定下一点或[闭合(C)/放弃(U)]：105↙　　　　　　**确定画线的长度**

（注意改变直线的方向）

指定下一点或[闭合(C)/放弃(U)]：16↙　　　　　　**确定画线的长度**

指定下一点或[闭合(C)/放弃(U)]：8↙　　　　　　　**确定画线的长度**

指定下一点或[闭合(C)/放弃(U)]：c↙　　　　　　　**确定画线的长度**

结果如图 10-8 所示（注意图上标注的各点肉眼看不见）。

（2）设置并打开对象捕捉，在正交状态下绘制分格线：参照前边的例子设置捕捉，正交，按"F3"或点击状态栏中的☐，使其凹下，即可调用捕捉作图。

命令：(LINE)指定第一点：　　　　　　　　　　(捕捉 *A* 点) 单击左键↙

指定下一点或[放弃(U)]：　　　　　　　　　　(捕捉 *I* 点) 单击左键↙

指定下一点或[放弃(U)]：↙

命令：(LINE)指定第一点：　　　　　　　　　　(捕捉 *B* 点) 单击左键↙

指定下一点或[放弃(U)]：↙　　　　　　　　　　(在比所画直线长一些的位置) 单击左键↙

指定下一点或[放弃(U)]：↙

命令：(LINE)指定第一点：　　　　　　　　　　(捕捉 *D* 点) 单击左键↙

指定下一点或[放弃(U)]：　　　　　　　　　　(在比所画直线长一些的位置) 单击左键↙

指定下一点或[放弃(U)]：↙

命令：(LINE)指定第一点：　　　　　　　　　　(捕捉 *E* 点) 单击左键↙

指定下一点或[放弃(U)]：　　　　　　　　　　(在比所画直线长一些的位置)单击左键↙

指定下一点或[放弃(U)]：↙

命令：(LINE)指定第一点：　　　　　　　　　(捕捉 *F* 点)单击左键↙

指定下一点或[放弃(U)]：　　　　　　　　　　(在比所画直线长一些的位置)单击左键↙

指定下一点或[放弃(U)]：↙

命令：(LINE)指定第一点：　　　　　　　　　(捕捉 *Q* 点)单击左键↙

指定下一点或[放弃(U)]：　　　　　　　　　　(在比所画直线长一些的位置)单击左键↙

指定下一点或[放弃(U)]：↙

命令：(LINE)指定第一点：　　　　　　　　　(捕捉 **P** 点)单击左键↙

指定下一点或[放弃(U)]：　　　　　　　　　　(在比所画直线长一些的位置)单击左键↙

指定下一点或[放弃(U)]：↙

命令：(LINE)指定第一点：　　　　　　　　　(捕捉 **M** 点)单击左键↙

指定下一点或[放弃(U)]：　　　　　　　　　　(在比所画直线长一些的位置)单击左键↙

指定下一点或[放弃(U)]：↙

结果如图 10-9 所示。

图 10-8　线段的绘制

图 10-9　捕捉作图

（3）利用夹点编辑直线：在命令状态下，单击选中直线（可以一条，也可以多条），直线的两端及中点出现蓝色方框，将鼠标放在一端点的蓝色方框上，方框变成红色，点击，当方框四周出现绿色框即可进行移动等编辑，如图 10-10 所示。

图 10-10　编辑直线（一）

（4）依次编辑：最后的图形如图 10-11 所示。

图 10-11　编辑直线（二）

练习 10-1： 按给出各点的坐标，绘制如图 10-12 所示直线，以"图 10-12"名存盘。

图 10-12　根据坐标绘制直线

练习 10-2：按给定尺寸，绘制如图 10-13 所示图形，以"图 10-13"名存盘。

(a)　　　　　　　　　　　　　　(b)

图 10-13　　练习 10-2 的图形示例

第二节　平面图形的绘制

本节介绍的图形有些并不是真正意义的平面图形，只是借用"平面"的概念。在看了这些图形后，相信读者能体会到其中的含义。

例 3：绘制如图 10-14 所示图形，并将其命名为"图 10-14"保存。

【绘图步骤】

1. 启动 AutoCAD 2014。

2. 设置图幅（420，297）默认即可、设置对象捕捉。

3. 绘制图形。

（1）调用直线命令 ∕ 绘制两条主要轴线，如图 10-15 所示；

（2）调用偏移命令 ⊿ 绘制与两轴线平行的直线。

图 10-14　拖钩

命令：_offset↙

指定偏移距离或[通过(T)] <80.000 >：95↙　　**输入偏移直线与基线的距离**

选择要偏移的对象或 <退出>：　　　　　　**选择竖直轴线↙注意十字光标变为小方框**

指定点以确定偏移所在一侧：　　　　　　**将光标移到竖线的右侧，单击↙**

选择要偏移的对象或 <退出>：↙

结果见图 10-16 所示。

按此法依次偏移出相关直线，结果见图 10-17 所示。

图 10-15　绘制轴线（1）　　　图 10-16　绘制轴线（2）　　　图 10-17　绘制轴线（3）

（3）分别调用延伸--／、修剪命令-／-对上图进行编辑。结果见图 10-18 所示。

（4）按此方法编辑圆的轴线，并调用绘圆命令⊘绘制出各圆及切线，如图 10-19 所示。

图 10-18　编辑图形　　　　　　　　　图 10-19　绘制圆形

（5）再次执行修剪命令，编辑结果如图 10-20 所示。

（6）调用圆角命令◻，倒出三个小圆角。结果如图 10-21 所示。

（7）运用夹点编辑命令，整理轴线的长短，并将其定义为点画线，给轮廓线一宽度值，如 0.3mm，点击状态栏上的 ＋，使其凹下，结果如图 10-22 所示。

图 10-20　修剪图形　　　　　　图 10-21　倒角　　　　　　图 10-22　更改线宽

（8）以名字"图 10-14"存盘。

练习 10-3：绘制图 10-23 所示几何图形。

图 10-23 几何图形

第三节　三视图的绘制

例 4：绘制如图 10-24 所示图形，并将其命名为"图 10-24"保存。

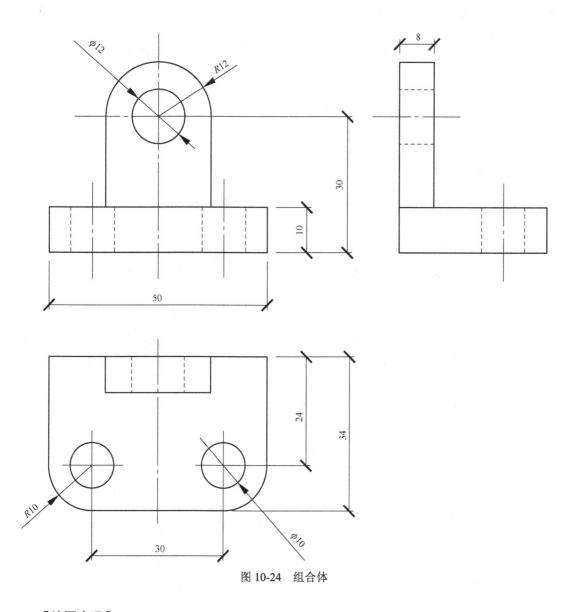

图 10-24　组合体

【绘图步骤】

1. 启动 AutoCAD 2014。

2. 设置作图环境。

（1）设置作图区域（210，297）；

（2）设置对象捕捉：当光标指在状态栏的任意位置时，单击鼠标右键，屏幕上出现草图设置对话框，选择本例常用的捕捉：交点和圆心。

（3）设置图层：点击对象特性工具条的图层按钮，屏幕出现图层特性管理器对话框，点击"新建",增加新的图层,并给图层命名,如标注、粗实线等;加载线型,定义线宽,赋予层颜色。

3.绘制图形。

(1)将轴线层置为当前层,绘制轴线:为作图准确,打开正交模式,对象捕捉,对象追踪;单击 ╱,以下为命令提示栏提示。

结果如图 10-25 所示。

(2)利用偏移命令生成另外轴线:单击 ╚,以下为命令提示栏提示。结果如图 10-26 所示。

图 10-25　绘制直线段

图 10-26　偏移直线

(3)打开辅助线层、粗实线层,二者交替为当前层,画形体的轮廓线:三视图通常先定位主视图或俯视图,可先画一个视图,再画另外两个,也可三个视图一起画,但无论哪一种方式,三视图之间一定要保证长对正、高平齐、宽相等的"三等关系"。结果如图 10-27 所示。

利用夹点编辑中心线,结果如图 10-28 所示。

图 10-27　修剪图形

图 10-28　夹点编辑直线

(4)将标注层置为当前层,标注尺寸。

练习 10-4:绘制图 10-29 所示各组图形。

练习 10-5:根据如图 10-30 所示立体图绘制三视图并标注尺寸。

图 10-29 综合练习

图 10-30

(e)   (f)

图 10-30   根据立体图绘制三视图

练习 10-6：抄绘如图 10-31 所示三视图。

(a)

图 10-31　抄绘三视图

练习 10-7：抄绘如图 10-32 所示图形并测量出 L=?或计算阴影部分面积。

图 10-32

(g)　　　　　　　　　　(h)　　　　　　　　　　(i)

图 10-32　抄绘并测量

第四节　轴测图的绘制

轴测图实质上是具有三维效果的二维图形，绘制的方法和步骤与绘制二维图形是一致的。在 AutoCAD 中，用其提供的等轴测模式和正交工具绘制轴测图有较高的作图效率。

例 5：绘制本章第三节例 6 中图 10-24 所示组合体的正等轴测图。

【绘图步骤】

1. 设置轴测作图模式：用左键单击"工具（T）→绘图设置（F）…"或将鼠标放在状态栏的任意位置单击鼠标右键，在随位菜单中点击"设置（S）…"，屏幕出现"草图设置"对话框，选择"捕捉和栅格"选项卡中的"等轴测捕捉"，如图 10-33 所示；设置捕捉，如图 10-34 所示。

图 10-33　草图设置对话框——捕捉和栅格选项卡的设置

2. 初步绘制底板：按"F8"键，打开正交工具；按"F5"键或"Ctrl+E"在上/左/右三个轴测面之间切换，如图 10-35 所示完成底板绘制。

图 10-34　草图设置对话框——对象捕捉选项卡的设置

3．绘制立板。完成效果如图 10-36 所示。

图 10-35　完成底板绘制

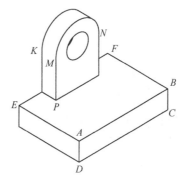

图 10-36　完成立板绘制

4．绘制底板上的孔与圆弧，如图 10-37 所示。

5．修剪完成作图，如图 10-38 所示。

图 10-37　绘制孔与圆弧

图 10-38　完成作图

练习 10-8：绘制如图 10-39 所示轴测图，绘制练习 10-5 中图 10-30 所示轴测图。

图 10-39　轴测图

练习 10-9：补绘如图 10-40 所示形体左视图，并画出正等轴测图。

图 10-40　补绘左视图并画正等轴测图

练习 10-10：补绘如图 10-41 所示楼板左视图及三个断面图，并画出正等轴测图。

图 10-41 补绘楼板左视图及三个断面图，并画出正等轴测图

第十一章　建筑施工图及上机练习

建筑施工图主要用来表示建筑物的规划位置、外部造型、内部各房间的布置、内外装修、构造及施工要求等。它的主要内容包括总平面图、各层平面图、立面图、剖面图及详图等。绘制建筑施工图的顺序，一般是按总平面图→平面图→立面图→剖面图→详图顺序来进行的。

第一节　总平面图的绘制

总平面图又称总平面布置图，是将拟建工程四周一定范围内的新建、拟建、原有和拆除的建筑物、构筑物连同其周围的地形地貌（道路、绿化、土坡、池塘等），用水平投影方法和相应的图例所画出的图样。

总平面图可以反映出上述建筑的形状、位置、朝向以及与周围环境的关系，它是新建筑物施工定位、土方设计以及绘制水、暖、电等管线总平面图和施工总平面图设计的重要依据。

一、总平面图的绘制内容

1．图名、比例尺（按规范写图名，本图比例按 1∶1，出图比例按 1∶100）。

2．表明新建区、扩建区、改建区的总体布置，道路、室外场地和绿化等的布置情况及各个建筑物和层数。同时要绘制出采用的图例及名称。必要时要自制图例。

3．确定新建或扩建工程的具体位置，常根据原有的房屋或道路来定位，并以米为单位标出尺寸。

4．当新建成片的建筑物或较大公共建筑物或厂房时，常用坐标确定具体建筑物及其道路转折点的位置；若地形起伏大的地区，还应画出地形等高线。

5．注明新建房屋底层室内地面和室外平整地面的绝对标高。

6．画出风向频率玫瑰图及指北针（有时可择其一）。

二、总平面图的绘制步骤

1．设置绘图环境：绘图单位、绘图界限、图层设置等。

2．画出辅助绘图网格环境体系，包括各建筑物的定位。

3．画出道路和各种建筑物、构筑物。

4．画出建筑物局部和绿化等细节。

5．尺寸标注、文字说明及图例。

6．添加图框和标题并打印输出。

三、总平面图的绘制实例

例 11-1：绘制如图 11-1 所示建筑总平面图。

1．设置绘图环境

使用"绘图界限"命令设置绘图界限，使用"图形单位"对话框设置绘图单位，利用图层"LA"命令设置和管理图层。

（1）设置绘图范围：图的总长为 15000，总宽为 12000，我们需要设置比这两个数据大，但又不太大的绘图范围，设置绘图范围的操作步骤如下。

```
命令：'_limits
重新设置模型空间界限：
指定左下角点或[开(ON)/关(OFF)] <0.0000,0.0000>：
指定右上角点 <420.0000,297.0000>：15000,12000
```

图 11-1　总平面图

（2）设置精度：在命令提示行下输入 "UNITS" 命令，在此命令下弹出如图 11-2 所示的
"图形单位" 对话框。因为总平面图中标高的精度是注写到小数点之后 2 位，所以将 "长度"
区中的 "精度" 改为 0.00，然后单击 "确定" 按钮就可以了。

图 11-2　"图形单位" 对话框

（3）设置图层：在命令提示行中输入"layer"命令，在此命令作用下弹出"图层特性管理器"对话框，在对话框内进行设置，如图 11-3 所示。也可以按绘制图形的线形和线宽设置。

图 11-3　"图层特性管理器"对话框的设置

（4）设置文字样式：新建一个"总平面图"文字样式，对其设置如图 11-4 所示。

图 11-4　"总平面图"文字样式

2．绘制总图的地形界限：利用"直线"和"样条曲线"命令。绘坐标网，等高线，如图 11-5 所示。

3．绘制道路、原有建筑物、新建建筑物、待建建筑物：利用"直线""多段线""偏移"命令编辑绘制道路中心线、道路边线和建筑物；用"剪切""圆角""删除"命令整理，如图 11-6 所示。

图 11-5　绘制地形界线

图 11-6　绘制道路、建筑物

4．布置植物、绿地等：利用"⊙圆"命令绘制单个植物，利用"复制""阵列"生成系列植物；利用"填充"命令绘制绿地，如图 11-7 所示。

5．书写各种标注：文本标注、尺寸标注、标高和坐标标注等；将风向频率玫瑰图做成图块插入图中。利用前面所学内容，按制图《标准》先进行样式的设定，然后进行总平面图的标注，如图 11-1 所示。

图 11-7　绘制植物、绿地

练习 11-1：绘制图 11-8 所示总平面图。

总平面图 1:1000

图 11-8　总平面图样图

第二节　建筑平面图的绘制

平面图是一种将房屋以水平的方向剖开所形成的图形，在一般情况下，多层房屋需要绘制各个楼层各自的平面布置图形，但是对于平面布置情况相同的建筑，可以采用标准层的平面图形来代替。此外，还需要画出底层和建筑物的顶层平面图。

一、平面图绘制内容

1．层次、图名、比例；

2．纵横定位轴线及其编号；

3．各个房间的组合和分格，墙、柱网的断面形状以及尺寸等；

4．门窗的布置及其型号；

5．楼梯的形状，梯段的走向和级数；

6．台阶、阳台、雨篷等其他构件的布置、形状、尺寸、卫生间、厨房等固定设施的布置情况等；

7．标注出平面图中应有的尺寸和标高，以及某些必要的坡度的数值及其下坡的方向（例如散水、防潮层等）；

8．底层平面图中还应该包含剖面图形的剖切位置、剖视方向及其各自的编号，表示建筑物朝向的指北针图形；屋顶平面图中还应该包含屋顶的形状、屋面的排水方向、坡度，以及女儿墙等其他构件的位置和布置情况；

9．必要的详图索引目录和各个房间的具体名称。

二、平面图的绘制步骤

1．设置绘图环境；

2．画出定位轴线及其各自的编号；

3．画出各种建筑构配件（如墙体线、门窗、楼梯）的形状、大小和各自的位置；

4．画出建筑物的各个组成部分的细部图形；

5．画出长处界限、索引符号和有关的说明；

6．完成图形的说明和标题，并对图形进行全面的检查；

7．打印输出图纸。

三、平面图的绘制实例

例 11-2：绘制图 11-9 所示建筑平面图。

1．绘图环境的设置

绘图环境的设置主要包括精确度、绘图范围、图层、文字样式、标注样式等。其中最为重要的是图层设置，图层设置得合理恰当将有助于绘图工作的顺利展开。

（1）绘图范围　图的全长为 15000，总宽为 13150，我们需要设置的图幅应比这两个数据大，但又不能太大，具体设置绘图范围的操作步骤如下。

命令：limits✓　　　　　　　　　　　　　　　　　　输入图形界限命令
重新设置模型空间界限：
指定左下角点或[开(ON)/关(OFF)] <0.0000,0.0000>：✓　　给定左下角坐标
指定右上角点<420.0000,297.0000>：20000,20000✓　　　给定右上角坐标

命令：

命令：z↙　ZOOM　　　　　　　　　　　　　　　**输入图形缩放命令**

指定窗口的角点，输入比例因子(nX 或 nXP)，或者

[全部(A)/中心(C)/动态(D)/范围(E)/上一个(P)/比例(S)/　　**选择全屏显示**

窗口(W)/对象(O)] <实时>：A↙

一层平面图　1:100

楼梯顶层平面图 1:50

楼梯二层平面图 1:50

(b) 楼梯平面图

楼梯一层平面图 1:50

图 11-9

门窗表

类别	门窗编号	洞口尺寸		樘数	选用标准图集名称		备　注
		宽	高		图集号	标准号	
门	M1	1500	2050	1			电子对讲门，甲方自理
	M2	1000	2100	6			三防门，甲方自理
	M3	750	2400	6			三防门，甲方自理
	M4	900	2100	12			
	M5	700	2100	6			
窗	C1	1500	1800	18			单框双玻塑钢窗，见本页
	C2	750	1200	6			单框双玻塑钢窗，见本页
	C3	900	1800	1			单框双玻塑钢窗，见本页
	TLC1	2100	2400	6			单框双玻塑钢窗，见本页

图 11-9　建筑平面图

（2）精确度　在命令窗口输入"LIMITS"命令，在"图形单位"对话框中的"精度"设为"0"，如图 11-10 所示，然后点击 确定 按钮。

图 11-10　"图形单位"对话框

（3）文字样式　点击下拉菜单"格式（O）→文字样式（S）"，在弹出的"文字样式"对话框中新建"建筑"文字样式，如图 11-11 所示。

图 11-11 "文字样式"对话框

（4）标注样式 点击下拉菜单"格式（O）→标注样式（D）"，在弹出的"标注样式"对话框中新建一个"建筑"标注样式，其余设置分别如图 11-12、图 11-13、图 11-14、图 11-15 所示。

图 11-12 标注样式对话框——线

图 11-13 标注样式对话框——符号和箭头

图 11-14 标注样式对话框——文字

图 11-15　标注样式对话框——调整

（5）草图　点击下拉菜单"工具（T）→草图设置（F）…"，在弹出"草图设置"对话框中分别设置极轴和捕捉点，如图 11-16、图 11-17 所示。

图 11-16　"草图设置"对话框——极轴追踪

图 11-17　"草图设置"对话框——对象捕捉

（6）图层　在命令窗口中输入"LAYER"命令（或点击"对象特性工具栏"中的按钮），在弹出的"图层特性管理器"对话框中点击，即产生新的图层。根据需要在图层上赋予名称、颜色、线型、线宽等，如图 11-18 所示。

图 11-18　"图层特性管理器"对话框

2. 轴网的绘制

（1）绘制基准线　将"点画线"层设为当前层（打开"图层特性管理器"对话框，选中轴线层，点击√按钮），按"F8"键将"正交"方式打开（在"正交"方式下，只能够画垂直线或水平线），作一条水平线和一条垂直线作为绘图的基准线，如图 11-19 所示。

（2）画水平和垂直方向的定位线　用偏移（OFFSET）命令将竖直轴线按规定的距离

偏移复制，向右偏移的距离依次为 2900、1000、1950、1350、1350、1950、1000、2900。

再用偏移 📐 命令将水平轴线按规定的距离进行偏移复制，向上偏移的距离依次为 300、1500、2400、1800、1300、2000、1800、1500。

绘制后的轴线如图 11-20 所示。

图 11-19 绘制基准线   图 11-20 利用偏移命令生成轴线

（3）编辑轴线网 用修剪 ⊹ （TRIM）命令编辑轴线网。结果如图 11-21 所示。

3．墙体的绘制

（1）反复用"📐偏移"命令生成 49 墙、37 墙和 24 墙。这里应注意偏移的距离：定位轴线距离墙的内侧 120。

（2）将生成的 49 墙、37 墙和 24 墙更换到"粗实线"层，结果如图 11-22 所示。

图 11-21 利用修剪命令编辑生成轴网   图 11-22 绘制墙体

（3）编辑墙：关闭"点画线"层（打开"图层特性管理器"对话框，点击"点画线"层行中的"灯泡" 💡 ，使其变为蓝色），对预留门窗洞口处的墙线进行修剪编辑，编辑成如图 11-23 所示的图形。

在上述生成墙体的过程中，最为重要的就是要熟练掌握"偏移"和"修剪"命令，这样可以加快画图的速度。另外在进行墙体的生成过程中，要从遵循整体到局部的过程，即全部画完墙线后再进行编辑。

4．窗的绘制

图中各个方向的窗的宽度均为 490，所以只要绘制一个宽度为 490 窗的图例，并生成图块，然后就通过"插入块"命令，经过旋转和缩放将窗插入到相应的位置。大小和方向都相同，窗也可以通过"复制"命令生成。

（1）将"细实线"设为当前层；

（2）画出 1500×370 窗的图例，并加上窗台，如图 11-24 所示；

图 11-23　墙线编辑

图 11-24　窗的图例

（3）将窗定义为块，并保存；

（4）插入块：选择块的缩放比例（窗的宽度相同，长度不同，只输入 X 方向的比例）、旋转方向（在不同墙体上插入窗的图例时，将"旋转"中的"角度"设置成 0°、90°、−90°或 180°），然后选取插入点插入窗的图例，结果如图 11-25 所示。

5．门的绘制

门的倾斜方向有两种，只要画出 45°和 135°的门，然后分别将这两种门复制到相应的位置。其中 45°和 135°的"门"用中实线，开启弧线用细实线。

6．楼梯的绘制

楼梯的步级、扶手用中实线绘制，将"中实线"层设为当前层。然后用直线、偏移、修剪等命令进行绘制和编辑，结果如图 11-26 所示。

图 11-25　插入窗的图例

图 11-26　楼梯间平面图

7．阳台、散水的绘制

阳台、散水用中实线绘制，将"中实线"层设为当前层。根据所提供的尺寸绘制阳台、散水，散水线到外墙面的距离为 800，结果如图 11-27 所示。

图 11-27　绘制门、楼梯、阳台、散水等

8．其他图例的绘制

厨具、洁具、家具等一般用细实线绘制，将"细实线"层设为当前层。绘制厨房、卫生间等设施（也可以将厨具、洁具等先定义为块，然后插入），结果如图 11-28 所示。

图 11-28　绘制图例

9．轴号、尺寸、标高、材料图例、指北针、文字等的绘制

将"尺寸"层设为当前层，对图形进行轴号、尺寸、标高、材料图例、指北针、文字等的标注和绘制。其中的轴号、标高等可设属性、定义成图块，然后再插入，结果如图 11-8 所示。

10．检查校对

最后再对所绘制的图样作检查校对，确认平面图的内容无错漏。

练习 11-2：绘制图 11-29 所示标准层平面图。

二、三层平面图　1：100

图 11-29　标准层平面图

练习 11-3：绘制图 11-30 所示屋顶平面图。

屋顶平面图　1∶100

图 11-30　屋顶平面图

第三节　建筑立面图的绘制

以建筑物的各个主要的垂直的外墙表面为对象，按照正投影法投影后得到的正投影图，一般被称为立面图。立面图应该包括子投影方向上可见的一切图形以及构造，如建筑物的外形轮廓、外部构造和造型、门窗的位置及其样式，雨篷、阳台、台阶和栏杆、散水等构件的位置和形式，外部装修的做法和必要的标高参数。

一、立面图的绘制内容

1．图名、比例；

2．立面图两端的定位轴线以及各自的编号；

3．门窗的形状、位置及其开启的方向符号；

4．屋顶的外形，各种墙面、台阶、雨篷、阳台、雨水管、水斗等建筑构配件，以及外墙装饰分格情况和各种装饰的不同做法、用料、颜色等情况；

5．必要的标高和布局的尺寸标注；

6．详细的索引符号。

二、立面图的绘制步骤

1．设置绘图环境；

2．定出地平线、定位轴线、各个楼层的楼面线、楼面和女儿墙的轮廓线、建筑物外墙轮廓线等；

3．绘制立面的门窗洞口、阳台、烟道等轮廓；

4．绘制门窗、雨水管、外墙分格线等立面细部图形；

5．标注必要的局部尺寸和建筑物标高；

6．绘制索引符号以及完成必要的文字说明等；

7．打印输出图纸。

三、立面图的绘制实例

例 11-3：绘制图 11-31 所示建筑立面图。

(a) ①—⑨立面图

窗饰立面4 1:50

预制构件厚60

窗饰立面5 1:25

参见OOSJ202(一)

④—⑥ 立面 1:50

B—B 1:50

(b) 窗立面图

阳台正立面1:50

阳台侧立面1:50

(c) 阳台立面图

图 11-31

注：构造节点参见辽2002J802-1第16页

(d) 通风道剖面图

图 11-31　建筑立面图

1．绘图环境的设置

（1）图形界限　设置图形界限为 40000×15000，方法同平面图。

（2）单位和图层　单位和图层的设置同平面图。

（3）网格辅助线　首先将"点画线"层定为当前层。绘制基准线，如图 11-32 所示。然后用偏移 命令将垂直方向的轴线依次分别偏移 3900、3300、3300、3900；再将水平方向的基线分别依次偏移 750、600、1800、1000、1800、1000、1800、610、1105，所生成的网格辅助线如图 11-33 所示。

图 11-32　生成绘制基准线　　　　　　图 11-33　辅助线网格

2．立面图外形轮廓的绘制

将"粗实线层"设为当前层，同时，将其他所有不需要在当前使用的图层都设置为冻结状态（点击"雪花"图标 ，变为兰色）。

为了便于整个图形的定位，首先绘制轮廓线（包括外地坪线），如图 11-34 所示。

3．门窗的绘制

将"细实线"层设为当前层，在该层中画出门和窗，其中窗有两种。门窗可直接绘制，然后复制。也可以做成图块，然后插入。详细如图 11-35 所示。

图 11-34　绘制轮廓线　　　　　　图 11-35　绘制门窗、阳台等

4．阳台、雨水管、檐口、烟道、散水等的绘制

将"中实线层"设为当前层，绘制阳台、雨水管、檐口、烟道、散水等，结果如图 11-35 所示。

5．添加轴号、标高、文字说明、尺寸标注

将"细实线"层设为当前层，绘制和标注轴号、尺寸、标高、文字等，结果如图 11-31 所示。

练习 11-4：绘制图 11-36 所示立面图。

(a) ⑨—①立面图

图 11-36

(结构板顶) 10.715

8.610

8.000
6.200
5.200

3.400
2.400

0.600

−0.750

法国蓝水泥瓦　淡米色喷涂

琥珀色外墙面砖

Ⓐ　Ⓖ

Ⓐ—Ⓖ 立面图　1:100

(b) 侧立面图一

(结构板顶) 10.715

8.610

8.000
6.200
5.200

3.400
2.400

0.600

−0.750

法国蓝水泥瓦

琥珀色外墙面砖　淡米色喷涂

Ⓗ　Ⓐ

Ⓗ—Ⓐ 立面图　1:100

(c) 侧立面图二

图 11-36　绘制立面图

第四节　建筑剖面图的绘制

建筑物的剖面图一般是指建筑物的垂直剖面图，也就是用一个假想的平面去竖直地剖切开房屋，然后移去看见观察者的部分，得到的正投影图。剖面图是用来表现建筑物内部的垂直方向的高度、楼层的分层、垂直空间的利用以及简要的结构形式和构造方式等情况的图样，主要有：屋顶的形式、屋顶的坡度、檐口的形式、楼板的搁置位置、楼梯的形式等等。通常，对于一个建筑物而言，一个剖切面决定的一个剖面图是远远不够的，很难详细地说明建筑物整个垂直方向的布置。在这种情况下就需要我们从几个有代表性的位置绘制多张剖面图形，这样才能完整地反映整个建筑的全貌。

一、剖面图的绘制内容

1．必要的轴线以及各自的编号；

2．各处的墙体剖面的轮廓；

3．各个楼层的楼板、屋面板、屋顶构造的轮廓图形；

4．被剖切到的梁、板、平台、地面以及地下室图形；

5．被剖切到的门窗图形；

6．剖切出各种构配件的材质符号；

7．一些虽然没有被剖切到，但是可见的部分构配件，如室内的装饰、和剖切平面平行的门窗图形、楼梯段、栏杆的扶手等；

8．室外没有剖切到的，但也是可见的雨水管和水斗等图形；

9．可见部分的底层勒脚和各个楼层的踢脚图形；

10．标高以及必需的局部尺寸的标注；

11．详细的索引符号；

12．必要的文字说明。

二、剖面图的绘制步骤

1．设置绘图环境；

2．画定位轴线、室内外地坪线、各层楼面线和屋面线，并画出墙身轮廓线；

3．画出楼板、屋顶的构造厚度，再确定门窗位置及细部（如梁、板、楼梯段与休息平台等）；

4．经检查无误后，擦去多余线条。按施工图要求加深图线，画材料图例，注写标高、尺寸、图名、比例及有关文字说明；

5．打印输出图纸。

三、剖面图的绘制实例

例 11-4： 绘制图 11-37 所示的建筑剖面图［剖切位置在图 11-9（a）的一层平面图中］。

剖面图的绘图环境与平面图、立面图相似，读者可自行设置。主要作图步骤如下。

（1）绘制建筑物的室内地台线、室外地坪线、定位轴线、各层的楼面线、屋面线、墙体断面轮廓线，以及其他可见的轮廓线，如图 11-38 所示。

（2）绘出门窗、楼梯平台、女儿墙、檐口以及其他的可见轮廓线。如图 11-39 所示。

（3）绘制各种梁（如门窗洞口上方的过梁、未剖切但可见的主梁和次梁等）的轮廓，如图 11-40 所示。

1—1剖面图 1:100

图 11-37　建筑剖面图

图 11-38　绘制轴线和轮廓线等

图 11-39　插入门窗

图 11-40　绘制梁和楼板等

（4）标注必要的尺寸及楼地面、屋面、平台面等的标高。标注详图的索引符号、文字说明等，如图 11-41 所示。

图 11-41　绘制梁和楼板等

（5）填充、检查，最后完成作图。

第五节　建筑详图的绘制

建筑详图是建筑细部的施工图，是建筑平面图、立面图、剖面图的补充。因为立面图、平面图剖面图的比例比较小，建筑物上许多细部构造无法表示清楚，根据施工需要，必须另外绘制比例尺较大的图样才能表达清楚。

一、建筑详图的内容

建筑详图包括：

1. 表示局部构造的详图，如外墙身详图、楼梯详图、阳台详图等；
2. 表示房屋设备的详图，如卫生间、厨房、实验室内设备的位置及构造等；
3. 表示房屋特殊装修部位的详图，如吊顶、花饰等。

二、建筑详图的绘制步骤

1. 设置绘图环境；
2. 根据图样选择不同的方法绘制图形；
3. 经检查无误后，擦去多余线条。按施工图要求加深图线，画材料图例。注写标高、尺寸、图名、比例及有关文字说明；
4. 打印输出图纸。

三、建筑详图的绘制实例

例 11-5：绘制图 11-42 所示的墙身节点详图。

墙身详图也叫墙身大样图，是建筑剖面图的局部放大图。它表达了墙身与地面、楼面、屋面的构造连接情况以及檐口、门窗顶、窗台、勒脚、防潮层、散水、明沟的尺寸、材料、做法等构造情况，是砌墙、室内外装修、门窗安装、编制施工预算以及材料估算等的重要依据。有时墙身详图不以整体形式布置，而把各个节点详图分别单独绘制，也称为墙身节点详图。

图 11-42　墙身节点详图

1．建立绘图环境

同前面平、立、剖面图。

2．绘制节点中的主墙、女儿墙、屋面轮廓：主要利用"直线✐"命令，按尺寸绘图，如图 11-43 所示。

3．绘制面层线、屋瓦、折断线、窗户轮廓：主要利用"直线✐""多段线⤵""偏移✐"命令绘制面层线、屋瓦、折断线、窗户轮廓；用"剪切✂""阵列⬚""删除✐"命令整理，如图 11-44 所示。

图 11-43　绘制节点中轮廓图　　　　　图 11-44　绘制面层线等轮廓

4．填充各类图例：主要利用"填充▨"命令填充各类图例，如图 11-45 所示。

5．书写各类构造做法：主要利用"多行文字**A**"命令书写各类构造做法，如图 11-46 所示。

图 11-45　填充图样

二毡三油
20厚1:3水泥砂浆抹面
找坡(纵坡1%)
钢筋混凝土挑檐

挂瓦(法国蓝沥青瓦)
撒素水泥面
25厚107胶水泥砂浆结合层
1.5厚三元乙丙橡胶防水卷材
20厚1:2.5水泥砂浆找平层
150厚聚苯乙烯塑料保温板
现制钢筋混凝土板
20厚混合砂浆

图 11-46　标注文字

6．标注各类尺寸、标高、坡度、角度：主要利用"尺寸标注"命令标注各类尺寸，将标高做成带有属性的块，然后插入，最后完成的图如图 11-42 所示。

练习 11-5：绘制图 11-47 所示墙身详图。

外墙身详图 1:20

图 11-47　墙身详图

练习 11-6：绘制图 11-48 所示楼梯间剖面图［剖切位置在图 11-9（b）的楼梯一层平面图中］。

图 11-48　楼梯间剖面图

练习 11-7：绘制图 11-49 所示建筑施工图。

图 11-49 建筑施工图

第六节　综合设计

任　务　书　一

一、设计课题
课题名称：AutoCAD 制图集中周
课题性质：假定题目、地形条件

二、设计期限
二周。

三、建设用地
用地范围：以给定总平面范围为限。
地段面积：1020m^2。

四、设计要求
1. 建筑面积：280～300m^2；
2. 层数：二层或局部三层；
3. 功能上应满足三代五口之家使用，布局合理，动静分区，主客分区。
（1）起居室：30～40m^2
（2）餐厅：10～12m^2
（3）厨房：7～10m^2
（4）书房：15～20m^2
（5）车库：20～25m^2
（6）主卧室：20～25m^2（另配专用卫生间）
（7）次卧室：10～20m^2（两至三个）
（8）佣人房：10～12m^2
（9）活动室：15～20m^2
（10）卫生间：（三个）

五、设计成果
使用 AutoCAD 绘制。
（一）图纸尺寸：A2 或 A3
1. 各层平面图：1：100
2. 主要立面图：1：100
3. 剖面图：1：100
4. 总平面图
5. 主要部分详图（如楼梯详图、外墙详图等）
6. 自定：表现图
（二）文字图表
1. 设计说明

2. 主要技术经济指标

任 务 书 二

一、设计课题

课题名称：AutoCAD 制图集中周

课题性质：假定题目、地形条件

二、设计期限

二周。

三、建设用地

基地自定。

四、设计要求

（1）按套型设计，套型及套型比自定，建议每个方案有两种套型为宜。

（2）各套型使用面积应不小于下列规定：小套 $40\sim60m^2$；中套 $70\sim80m^2$；大套 $100m^2$ 以上。

（3）每套必须是独门独户，并应设卧室、厨房、卫生间及起居室等。

① 卧室和起居室。卧室的面积不宜小于下列规定：双人卧室 $10m^2$。单人卧室 $6m^2$；兼起居的卧室 $12m^2$。起居室的面积不宜小于 $10m^2$。卧室和起居室应有直接采光、自然通风。

② 厨房。应设置炉灶、洗涤池、案台等，并考虑储藏设施。厨房面积不应小于 $3.50m^2$（燃料为煤气）或 $4m^2$（燃料为加工煤）。厨房应有外窗或开向走廊的窗。

③ 卫生间。应设置大便器和洗浴设施。卫生间的面积不应小于下列规定：外开门 $1.80m^2$；内开门 $2.00m^2$。无通风窗口的卫生间必须设置通风道。

④ 每套住宅应设阳台。

⑤ 层高为 2.80m 或 2.70m，层数为 5 层，结构型式砖混结构。

⑥ 屋顶：采用平屋顶有组织排水方案，屋顶有保温或隔热要求，檐口形式及屋面防水方案由学生自定。

五、设计成果

使用 AutoCAD 绘制。

（一）图纸尺寸：A2 或 A3

1. 各层平面图：1∶100

2. 主要立面图：1∶100

3. 剖面图：1∶100

4. 总平面图

5. 主要部分详图（如楼梯详图、外墙详图等）

6. 自定：表现图

（二）文字图表

1. 设计说明

2. 主要技术经济指标

任务书三

一、设计课题

课题名称：AutoCAD 制图集中周

课题性质：假定题目、地形条件

二、设计期限

二周。

三、建设用地

基地自定。

四、设计要求

（1）技术条件：结构按框架结构考虑，承重方向的开间或进深应符合模数，墙厚度结合各地区情况确定，夏季主导风向为东南风，冬季主导风向为北风。耐火等级为二级，抗震设防烈度为 7 度。北方地区日照间距按 1∶1.5 考虑。建筑的水、暖、电均由城市集中供应。

（2）面积指标：平均每套建筑面积 60～160m²。

（3）居室面积：大居室 20～25m²，中居室 12～15m²，小居室 8～11m²。每套住宅必须有一间大居室，主要居室应能同时两个方向放床，并要求每套住宅居室大小搭配恰当。

（4）辅助房间：厨房和卫生间均为每户单独使用，厨房设置洗池、案台和灶台和必要的储藏设施，卫生间设置坐式大便器、浴缸或淋浴，也可根据实际情况设置洗面盆。

（5）其他设施：每户可设置生活阳台、服务阳台，每户应考虑必要的储藏设施。

（6）层数及层高：建筑层数按五层或六层设计，层高一般可选用 2.8m 或 2.9m、3m。

五、设计成果

使用 AutoCAD 绘制。

（一）图纸尺寸：A2 或 A3

1. 各层平面图：1∶100

2. 主要立面图：1∶100

3. 剖面图：1∶100

4. 总平面图

5. 主要部分详图（如楼梯详图、外墙详图等）

6. 自定：表现图

（二）文字图表

1. 设计说明

2. 主要技术经济指标

第十二章　机械图及上机练习

第一节　零件图的绘制

一、零件图的绘制内容

零件图是制造和检验机器零件的图样。一张完整的零件图主要包含四部分内容。

1．图形：用一组图形（包括基本视图、剖视图、断面图、局部放大图等），完整、清晰和简洁地表达零件的内外结构形状。

2．尺寸：完整、清晰、合理标注出零件的结构形状及相对位置。

3．技术要求：用规定的符号、数字、字母、文字解释等给出零件在使用、制造和检验时应达到的相关要求。

4．图标：即标题栏。明确写出零件的名称、材料、图样的编号、比例、制图人、审核人的姓名以及日期。

二、零件的分类及表达特点

零件的形状各异，按功能、结构特点、视图特点综合分析，一般将零件归纳为轴套类、轮盘类、叉架类和箱体类四类零件。

1．轴套类零件：主要结构为回转体，一般需要一个主视图和若干断面图、局部视图或局部放大图表达即可。

2．轮盘类零件：主要结构为回转体，一般需要两个主要视图（剖视图）和若干断面图、局部视图（剖视图）或局部放大图表达即可。

3．叉架类零件：形状不规则，比较复杂，一般需要两个以上视图，斜视图、斜剖视图和断面表达用得较多。实际表达应具体情况具体分析。

4．箱体类零件：结构一般较为复杂，常需三个以上视图或剖视图外加若干局部视图、局部剖视图和断面图。

三、零件图的绘制步骤

1．设置绘图环境：绘图单位、绘图界限、图层设置等。

2．按照1∶1实际比例绘图（减少比例计算环节，提高绘图效率及计算尺寸错误），不同零件采用不同表达。先画各视图的基准线。

3．按照"三等关系"画出各视图图形，注意内外结构的表达。

4．标注尺寸、技术要求、公差等，为提高作图效率，符号、代号应做成块在按比例插入。

5．添加图框和图标，检查无误后打印输出。

四、零件图的绘制实例

例12-1：绘制图12-1所示喷嘴的零件图。

1．设置绘图环境（或调用已经设置好的样板图）。

2．根据三等原则绘图：按照1∶1比例，先绘制三视图的轴线及基准线，如图12-2（a）所示。

3．绘制三视图的内外轮廓，如图12-2（b）所示。

4．根据三视图绘制各局部视图，注意尺寸的对应关系，如图12-2（c）所示。

5．整理各视图，显示线宽，填充剖面，如图12-2（d）所示。

6．标注尺寸、公差、书写技术要求、添加图框和图标等，完成如图12-1所示作图。

技术要求
1. 未注圆角R2～R3;
2. 不加工表面腻平喷蓝漆;
3. 铸件不得有砂眼、裂纹;
4. 铸件退火处理、消除内应力。

图 12-1 喷嘴零件图

图 12-2　喷嘴零件图的绘图步骤

练习 12-1：绘制减速器各零件图，如图 12-3 所示。

图 12-3　减速器零件图（一）

图 12-4 减速器零件图（二）

图 12-5 减速器零件图（三）

模数	m	2
齿数	z	15
齿形角		20°
精度等级		877GM

图 12-6　减速器零件图（四）

图 12-7　减速器器零件图（五）

第二节 装配图的绘制

一、装配图的绘制内容

1．一组图形：用一般和特殊表示法完整、清晰和简洁地表达机器或部件的工作原理、零件之间的装配关系和零件的主要结构形状。

2．必要的尺寸：根据由装配图拆画零件图以及装配、检验、安装、使用的需要而必须标注的尺寸。

3．技术要求：用文字以及规定的符号等标注机器或部件的质量、使用、装配和检验等方面的要求。

4．零件序号、明细栏、图标：根据生产组织和管理工作的需要，按一定格式将零部件编注的次序，并填写明细栏和标题栏（图标）。

二、装配图的绘制方法

1．先绘制零件图，然后根据装配关系组装成装配图，最后由零件的前后关系将隐藏线条删除或改为虚线。这种方法适合于测绘或仿造设计。

2．先绘制装配图，然后拆画零件图，再进行必要的修改和完善。这种方法适合设计，是一种创新劳动。

三、减速器的工作原理

减速器是改变原动机（如电动机）的转速，以适应工作机械（如皮带运输机、起重机等）要求的中间传动装置。减速器的种类很多，常用的有圆柱齿轮减速器和蜗杆蜗轮减速器。一级齿轮减速器是最简单的一种减速器。

减速器工作时如图 12-3～图 12-7，回转运动是通过件 29（主动齿轮轴）传入，在经过件 29 上的小齿轮传递给件 23（大齿轮），经件 25（键）将减速后的回转运动传给件 19（从动轴），件 19（从动轴）将回转运动传给工作机械。主动轴与被动轴两端均由滚动轴承支撑；工作时采用飞溅润滑，改善了工作情况。件 9（垫片）、件 33（挡油环）、件 20、件 30（油封）是为了防止润滑油渗漏和灰尘进入轴承。件 26（套筒）是防止件 23（大齿轮）轴向窜动；件 27、件 34（调整环）是调整两轴的轴向间隙。减速器机体、机盖用件 24（销）定位，并用件 6 对螺栓紧定。机盖顶部有观察孔，机体有放机油。件 4 为观察润滑油油面高度的油标。件 17 和 18 为排放污油用的零件。

四、装配图的绘制实例

例 12-2： 如图 12-3 所示减速器各零件图绘制如图 12-8 所示减速器装配图（图 12-9 所示为减速器装配图三视图的放大图，图 12-10 为减速器装配图的左视图）。

1．绘制全部零件图并复制一份，将零件图副本的尺寸全部删除，制作成块。

2．分析装配关系，依次插入各零件图块，将全部块分解。

3．修改装配图，根据装配次序和可见关系，将隐藏的线条删除。

4．标注尺寸，给零件编写序号，填写技术要求。

5．根据绘图比例，选择插入的图框及图标，插入明细栏。

6．填写、编辑图标和明细栏，完善制图。

7．检查无误后打印出图。

图 12-8　减速器装配图

图 12-9 减速器装配图（主视图和俯视图）

拆去通气塞等零件

图 12-10　减速器装配图（左视图）

第十三章　其他工程图及上机练习

第一节　道桥工程图的绘制

1．设置绘图环境。

2．布置和画出投影图的基线：根据所选定的比例及各投影图的相对位置，把他们均匀地分布在图框内，布置时要注意空出图标、说明、投影图名称和标注尺寸的位置。当投影图位置确定之后，便可以画出各投影图的基线，如图 13-1 所示，立面图是以桥面标高作水平基线的，其余则以对称轴线作为基线。立面图和平面图对应的铅垂中心要对齐。

3．画出各构件的主要轮廓线：如图 13-2 所示，以基线或中心线（定位线）为起点，根据标高或各构件尺寸，画出构件的主要轮廓。

图 13-1　画基准线　　　　　　　　图 13-2　画构件的主要轮廓线

4．画出各构件细部和资料表：根据主要轮廓线从大到小画全各构件的投影，画图的时候注意各投影图的对应线条要对齐，并将剖面填充，如图 13-3 所示。

图 13-3　画构件的细部和资料表

5．标注、书写文字：将剖面剖切位置、剖视方向，标高符号及尺寸，各相关部位尺寸等标注出来。注写资料表文字、图样文字说明等。

6．检查：最后完成的桥梁总体布置图如图 13-4 所示。

例 13-1：绘制如图 13-4 所示钢筋混凝土桥的桥型布置图。

注：
1. 本图尺寸除高程、里程桩号以米计外，其余均以厘米为单位。
2. 设计荷载：公路—Ⅱ级。
3. 本桥所处地区地震裂度：7 度。
4. 主梁平面采用径向布置。
5. 本桥上部主桥采用 3～30m 预应力混凝土简支梁，下部采用柱式墩、U 型桥台、桩基础、扩大基础。
6. 本桥在 0 号桥台、3 号桥台处分别设置一道 D-80 型的伸缩缝。
7. 护岸墙按照所示尺寸，根据实际地形施工。

图 13-4 某桥桥型布置图

图 13-5　隧道洞门图

例 13-2：绘制如图 13-5 所示隧道洞门图。

1．设置绘图环境。

2．布置和画出投影图的基线：根据所选定的比例及各投影图的相对位置，把他们均匀地分布在图框内，布置时要注意空出图标、说明、投影图名称和标注尺寸的位置。当投影图位置确定之后，便可以画出各投影图的基线，如图 13-6 所示，立面图是以衬砌中线作竖直基线、水平基线，平面图以衬砌中线和洞外立面作为基线，左视图为剖面图，以衬砌中线和洞外立面作为基线。各基准应长对正、高平齐、宽相等。

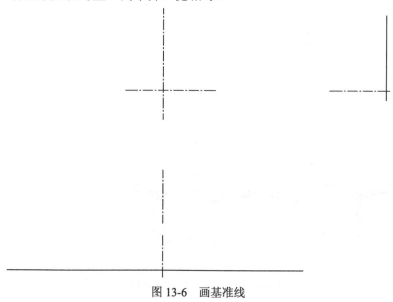

图 13-6　画基准线

3．画出各部分的主要轮廓线：如图 13-7 所示，以基线或中心线（定位线）为起点，根据标高或各部分尺寸，画出主要轮廓。

图 13-7　画各部分的主要轮廓线

4．画出各部分细部和资料表：根据主要轮廓线从大到小画全各部分的投影，画图的时候注意各投影图的对应线条要对齐，并将剖面填充，如图 13-8 所示。

图 13-8   画各部分的细部和资料表

5．标注、书写文字：将剖面剖切位置、剖视方向，标高符号及尺寸，各相关部位尺寸等标注出来。注写资料表文字、图样文字说明等。

6．检查：最后完成的隧道洞门图如图 13-5 所示。

第二节   采暖通风工程图的绘制

例 13-3：绘制如图 13-9 所示采暖平面图，图 13-11 作为参考图样。

1．建立绘图环境

2．绘制采暖平面图

（1）调用需要采暖的建筑平面图：导入或者绘出需要采暖房间的建筑平面图，如图 13-10 所示。建筑平面图属于建筑施工图的一种，在各种建筑设计中，不同工种的人是分工协作的。所以，进行设备施工图设计的人员，只要拿来别人设计好的建筑施工图，在其上再进行进一步的设计即可。如没有现成的建筑施工图，需要自己重新绘制。

（2）绘制图例：将"图例"层置于当前层，参照块的做法，将散热器、立管、阀门、标高、指北针等图例做成块，其中不同位置的标高数值要变化，故将标高做成带有属性的块。

（3）绘制输送管道：将"采暖管道"曾置于当前，绘制输送管道，采暖供热、供汽干管用单根粗实线绘制；采暖回水、凝结水管用单根粗虚线绘制；立管已经做成块，按位置插入，图 13-11 所示。

一层采暖、地沟平面图 1:100

图 13-9　一层采暖平面图

图 13-10 底层建筑平面图

图 13-11　一层采暖平面图图管路

（4）标注尺寸和插入标高：将"尺寸"层置为当前，标注供热引入管和回水排出管定位尺寸；将"文字"层置为当前，对各种管道系统予以编号，标注立管的类别和编号。管道的长度在备料时，只需用比例尺从图中近似量出，在安装时是以实测尺寸为依据，故不必标注管道长度。最终完成如图 13-10 所示图形。

（5）存档或输出：检查无误后保存，如需打印输出图形，注意由于是 1∶1 比例绘图，所以出图比例为 1∶100。其他按提示操作即可。

例 13-4：绘制如图 13-10 所示采暖的系统图。

1．建立绘图环境

因为采暖平面图和采暖系统图同属采暖工程图的两大组成部分，故其绘图环境大体是一样的。由于采暖系统图是用正面斜等轴测投影，故将"草图设置对话框"→"极轴追踪设置"的"增量角"改为 45°。

2．绘制采暖系统图

从采暖管道入口处开始，按水流方向依次为：系统入口→采暖干管→采暖立管→支管→散热器。

以一单元为例，绘制系统图（二单元的绘制方法相同）。

（1）绘制管道系统的立管、各层的楼、地面线、供热引入管、回水管、供热干管：将所需图层置于当前供使用，供热干管、立管用单根粗实线表示，回水干管用单根粗虚线表示，楼面线、地面线等均采用细实线。如图 13-12 所示。

（2）绘制从立管上引出的各横向连接管段、散热器、各种附件和配件：将所需图层置于当前供使用，支管管道和散热采用中实线或者中虚线绘制。散热器及各种附件图例制成块再插入，如图 13-13 所示。

（3）注写各管段的公称直径、坡度、标高、散热器的规格数量等数据：将所需图层置于当前供使用，如图 13-14 所示。其中 A 户型的系统图如图 13-15 所示，另一路系统图如图 13-16 所示。

图 13-12　绘制立管　　　　　图 13-13　绘制支管　　　　　图 13-14　标注

图 13-15 A 户型系统图 图 13-16 二单元系统图

（4）存档或打印出图。

例 13-5：绘制如图 13-17 所示散热器的安装详图。

(a) (b)

图 13-17 散热器安装详图

1. 设置绘图环境（同前）

2. 绘制散热器：将所需图层置于当前供使用，利用直线、圆弧、多段线、复制、阵列、修剪等命令绘制图形，如图 13-18 所示。

3. 绘制阀门及管路：将所需图层置于当前供使用，利用直线、圆弧、多段线、复制、阵列、修剪、创建块、插入块等命令绘制，如图 13-19 所示。

图 13-18　绘制散热器

图 13-19　绘制阀门及管路

4. 绘制垫层：将所需图层置于当前供使用，利用直线、填充等命令绘制，注意钢筋混凝土图例要填充两次，如图 13-20 所示。

5. 标注、检查，完成作图：将所需图层置于当前供使用，利用尺寸标注、文字书写、文字编辑等命令，完成作图，如图 13-17（a）所示。

6. 绘制节点 A：将所需图层置于当前供使用，将节点部分放大至需要的倍数，利用修剪命令完成作图，如图 13-21 所示。

7. 标注、检查，完成节点 A 作图：将所需图层置于当前供使用，利用尺寸标注、文字书写、文字编辑等命令，完成作图，如图 13-17（b）所示。

8. 存档或打印出图。

图 13-20　绘制垫层

图 13-21　绘制节点

第三节　给水排水工程图的绘制

给水排水工程图的画法同第二节采暖通风工程图一样，都要符合相应的国家标准和行业规范，一般有平面图、系统图和安装详图。读者可参照上节步骤做下面的练习。

练习 13-1：绘制如图 13-22 所示给水平面图。

练习 13-2：绘制如图 13-23 所示给水系统图。

图 13-22 给水平面图

图 13-23 给水系统图

练习 13-3：绘制如图 13-24 所示给水平面图。

图 13-24 给水平面图

练习 13-4：绘制如图 13-25 所示排水系统图。

图 13-25 排水系统图

第四节　电气工程图的绘制

例 13-6： 绘制如图 13-26 所示温控系统原理图。

图 13-26　温控系统原理图

1．设置绘图环境。
2．创建块：将常用七种元素做成块，注意插入点，如图 13-27 所示。

图 13-27　创建块

3．绘制原理图线框，如图 13-28 所示。
4．在线框图适当位置插入元素块，插入时注意插入点，如图 13-29 所示。

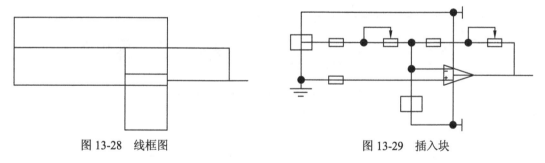

图 13-28　线框图　　　　　　　　图 13-29　插入块

5．修剪各元素块中线条，如图 13-30 所示。
6．添加块中文字：也可以将块中文字作成属性与块一同插入，然后修改，如图 13-31 所示。

图 13-30　修剪　　　　　　　　图 13-31　添加块中文字

7. 添加其他文字，检查，完成作图。

第五节　结构工程图的绘制

例 13-7：绘制如图 13-32 所示钢筋混凝土简支梁构件图。

1. 设置绘图环境。

2. 绘制模板图：将"细实线"层置为当前，利用"矩形"和"直线或多段线"命令根据简支梁外部尺寸绘制模板图，如图 13-33 所示。

3. 绘制钢筋详图：将"粗实线"层置为当前，利用"直线"或"多段线"命令绘制钢筋详图，如图 13-34 所示。

4. 绘制钢筋详图：将钢筋详图复制到模板图的主视图中（因为本例的模板图和配筋图在一起），并将钢筋折断，画出钢箍，确定剖切位置后，绘制出钢筋断面。利用"复制"、"直线"、"点"、"移动"等命令，如图 13-35 所示。

(a) 模板图和配筋图

(b) 配筋图——钢筋详图

钢筋表

编号	形状	直径	长度	根数	总长/m
①		20	6200	2	12400
②		20	6614	2	13228
③		12	6100	2	12200
④		8	1500	25	37500

(c) 钢筋用量表

图 13-32　钢筋混凝土简支梁

图 13-33　绘制模板图

图 13-34　绘制钢筋详图

图 13-35　绘制钢筋详图

5．书写各种标注、绘制墙：将"钢筋编号"层置为当前，为了提高效率，将钢筋编号做成带有属性的块，注意一定先定义属性后定义块，再插入。

6．插入表格：将"材料表"层置为当前，插入表格，书写文字，表格中的文字要选长仿宋字，然后再将钢筋详图复制到表格中，注意表格中的详图是一个示意图，没有具体的尺寸要求，完成后的图形如图 13-32（c）所示。

例 13-8：绘制如图 13-36 所示基础详图。

1．设置绘图环境。

2．根据尺寸绘制基础轮廓及室内外地面位置：将所需图层置为当前，利用直线、多段线、偏移、修剪等命令绘制基础轮廓及室内外地面，如图 13-37 所示。

3．填充各种图例：将所需图层置为当前，利用图案填充及编辑命令填充所需图案如图 13-38 所示。

4．标注尺寸和有关的说明：将所需图层置为当前，利用尺寸标注、文字书写、文字编辑命令标注尺寸和有关的说明，如图 13-38 所示。

图 13-36　基础详图　　　　　　图 13-37　绘制轮廓　　　　　图 13-38　填充

参 考 文 献

[1] GB/T 50103—2010 总图制图标准.

[2] GB/T 14665—2012 机械工程 CAD 制图规则.

[3] GB/T 50001—2010 房屋建筑制图统一标准.

[4] GB/T 50104—2010 建筑制图标准.

[5] GB/T4457.4—2002 机械制图.

[6] GB/T 50105—2010 建筑结构制图标准.

[7] JTGD60—2004 公路桥涵设计通用规范.

[8] GB/T 50114—2010 暖通空调制图标准.

[9] 周佳新. 土建工程制图. 北京：中国电力出版社, 2012.

[10] 周佳新. 建筑工程 CAD 制图. 北京：化学工业出版社, 2012.

[11] 周佳新. 建筑结构 CAD 制图. 北京：化学工业出版社, 2013.

[12] 周佳新. 建筑采暖通风工程 CAD 制图. 北京：化学工业出版社, 2013.

[13] 周佳新. 道桥工程 CAD 制图. 北京：化学工业出版社, 2014.

[14] 潘苏蓉等. AutoCAD2012 基础教程及应用实例. 北京：机械工业出版社, 2013.